Brahim Fnides

Comportement des outils de coupe en tournage dur à sec

Brahim Fnides

Comportement des outils de coupe en tournage dur à sec

Modélisation des paramètres technologiques

Presses Académiques Francophones

Impressum / Mentions légales

Bibliografische Information der Deutschen Nationalbibliothek: Die Deutsche Nationalbibliothek verzeichnet diese Publikation in der Deutschen Nationalbibliografie; detaillierte bibliografische Daten sind im Internet über http://dnb.d-nb.de abrufbar.
Alle in diesem Buch genannten Marken und Produktnamen unterliegen warenzeichen-, marken- oder patentrechtlichem Schutz bzw. sind Warenzeichen oder eingetragene Warenzeichen der jeweiligen Inhaber. Die Wiedergabe von Marken, Produktnamen, Gebrauchsnamen, Handelsnamen, Warenbezeichnungen u.s.w. in diesem Werk berechtigt auch ohne besondere Kennzeichnung nicht zu der Annahme, dass solche Namen im Sinne der Warenzeichen- und Markenschutzgesetzgebung als frei zu betrachten wären und daher von jedermann benutzt werden dürften.

Information bibliographique publiée par la Deutsche Nationalbibliothek: La Deutsche Nationalbibliothek inscrit cette publication à la Deutsche Nationalbibliografie; des données bibliographiques détaillées sont disponibles sur internet à l'adresse http://dnb.d-nb.de.
Toutes marques et noms de produits mentionnés dans ce livre demeurent sous la protection des marques, des marques déposées et des brevets, et sont des marques ou des marques déposées de leurs détenteurs respectifs. L'utilisation des marques, noms de produits, noms communs, noms commerciaux, descriptions de produits, etc, même sans qu'ils soient mentionnés de façon particulière dans ce livre ne signifie en aucune façon que ces noms peuvent être utilisés sans restriction à l'égard de la législation pour la protection des marques et des marques déposées et pourraient donc être utilisés par quiconque.

Coverbild / Photo de couverture: www.ingimage.com

Verlag / Editeur:
Presses Académiques Francophones
ist ein Imprint der / est une marque déposée de
OmniScriptum GmbH & Co. KG
Heinrich-Böcking-Str. 6-8, 66121 Saarbrücken, Deutschland / Allemagne
Email: info@presses-academiques.com

Herstellung: siehe letzte Seite /
Impression: voir la dernière page
ISBN: 978-3-8381-7843-1

Copyright / Droit d'auteur © 2014 OmniScriptum GmbH & Co. KG
Alle Rechte vorbehalten. / Tous droits réservés. Saarbrücken 2014

Remerciements

Je tiens à remercier vivement mon directeur de thèse le professeur M. A. YALLESE pour ses judicieux conseils.

Je remercie également Monsieur le professeur L. BOULANOUAR pour l'honneur qu'il me fait en acceptant de présider le jury.

Tous mes remerciements vont à Monsieur le docteur H. HAMADACHE et à Monsieur le docteur S. BOUTABBA pour leur participation au jury.

J'exprime ma profonde gratitude à Monsieur le professeur Mohamed NEMAMCHA, Président de l'université 08 Mai 1945 de Guelma, pour m'avoir autorisé à poursuivre les études en cycle long et en post-graduation.

Je remercie aussi tous ceux qui ont participé de près ou de loin à la réalisation de cette tâche et particulièrement MM. Mohamed AIB, A/Aziz MADI, Ouahid KEBLOUTI et Hamdi AOUICI.

Que toutes les personnes qui ont assuré ma formation à l'école coranique (MM. Boudjemâa FNIDES, Mohamed Cherif FNIDES et Mohamed FNIDES dit Lakhdar), à l'école primaire (Madame Malika CHIHEB MENIAI), au CEM (Monsieur Ahcene SMATI), au lycée et à l'université trouvent ici ma reconnaissance la plus sincère.

J'adresse un salut spécial à MM. Karim FNIDES (Bassem) et Hocine FNIDES (l'artiste) pour leur aide précieuse.

Ce travail n'aurait pu aboutir sans le soutien de toute ma famille que je remercie d'une façon exceptionnelle.

Je dédie cette thèse à mes parents, à Monsieur Ladi FNIDES (El Hadj Mouloud) et aux gens qui se sont sacrifiés pour que la lumière de la science élimine définitivement les ténèbres de l'ignorance.

Résumé

Dans le domaine de l'usinage à grandes vitesses, le tournage dur est actuellement en pleine croissance. Mais la technique de ce procédé n'est pas encore bien maîtrisée. C'est dans ce contexte que s'inscrit notre travail où sont exposés les résultats relatifs à l'étude expérimentale sur le comportement des différents matériaux de coupe tels que les carbures, les céramiques (mixte et renforcée) et les cermets. Ces outils sont utilisés pour le tournage dur à sec de l'acier AISI H11 traité à 50 HRC. Cet acier est destiné pour le travail à chaud, exempt de tungstène sur base CrMoV, insensible aux changements de température et ayant une résistance à l'usure élevée. Il est employé pour la fabrication des matrices de module de porte pour automobile, des lames de rotor d'hélicoptère, des coquilles, des moules et inserts de coulée sous pression fortement sollicités avec durée de vie élevée.

D'après les résultats obtenus, les six matériaux de coupe peuvent être classés selon leurs performances (c'est-à-dire en termes de résistance à l'usure, durée de vie, productivité et rugosité des surfaces usinées). La céramique mixte Al_2O_3+TiC (CC650) vient en première position suivie du carbure revêtu GC3015. La céramique composite Al_2O_3+SiC (CC670) se classe en troisième position suivie du carbure non revêtu H13A. Quant aux cermets (non revêtu CT5015 et revêtu GC1525), ils viennent en dernières positions. Il est à signaler aussi que pour toutes les conditions de coupe testées et quel que soit l'outil utilisé, l'effort principal n'est pas toujours l'effort radial.

Ainsi, les plages de conditions de coupe les mieux adaptées et la durée de vie de chaque outil ont été spécifiées.

L'étude statistique envisagée a pour but de déterminer les modèles mathématiques de la coupe. Ces derniers ont défini le degré d'influence de chaque élément du régime de coupe sur les paramètres technologiques étudiés.

Abstract

In the field of machining at high speeds, hard turning is currently into full growth. But the technique of this process is not yet well controlled. It is in this context that our work is registered where the results relating to the experimental study on the behaviour of various cutting materials are exposed such as the carbides, ceramics (mixed and reinforced) and the cermets. These tools are used for the dry hard turning of steel AISI H11 treated at 50 HRC. This steel is intended for hot work, free from tungsten on CrMoV basis, insensitive with temperature changes and having a high wear resistance. It is employed for the manufacture of the module matrices of door for car, helicopter rotor blades, the shells, the moulds and inserts of high pressure die casting strongly requested with high lifespan.

The tests of straight turning carried out on the workpieces enabled us to evaluate the performances of the six tools used in terms of wear resistance, tool-life, productivity, surface roughness and cutting forces. It arises that mixed ceramic (insert CC650) is the most powerful tool. It is to be also announced that for all the cutting conditions tested and whatever the tool used, the principal force is not always the radial force.

Thus, the beaches of cutting conditions best adapted and the tool life of each tool were specified.

The purpose of the statistical study considered is to determine the mathematical models. These latter defined the degree of influence of each element of the cutting regime on the studied technological parameters.

ملخّص

تهدف هذه الدّراسة التّجريبيّة إلى معرفة سلوك موادّ القطع   في الخراطة الصّلبة للقطع من X38CrMoV5-1 [AISI H11]   ذات صلابة تقدّر ب   50 HRC. هذا الصّلب معدّ خصّيصا لصناعة قوالب أبواب السّيارات و شفرات الدّوار للطّائرات العموديّة.   التّصنيع قد تمّ بالأقلام التّالية: الكربور غير المكسو   H13A، الكربور المكسو   GC3015، السّرمي غير المكسو   CT5015، السّرمي المكسو   GC1525، الخزف المختلط (الأسود)   CC650 و الخزف المقوّى (الأخضر) CC670.

عمليّات التّصنيع المنجزة على القطع النموذجيّة مكّنتنا من معالجة   تجليّة أدوات القطع في ما يخصّ تآكل الخلوص، مدة خدمة القلم   ، الإنتاجية، قوى القطع وحالات السّطح و تطوّرها تبعا لتغيّرات أهمّ عناصر القطع.

من خلال النّتائج المحصّل عليها و حسب حجم المادّة المقطوعة فـإنّ الخزف المختلط (الأسود) CC650 يأتي في المرتبة ا   لأولى بـإنتاجية تقدّر ب   70560 مم^3 يليه الكربور المكسو GC3015 بإنتاجية تقدّر ب 23040   مم^3 أمّا الخزف المقوّى (الأخضر)   CC670   فيأتي في المرتبة الثالثة بإنتاجية تقدّر ب 11520 مم^3 يليهم الكربور غير المكسو   H13A بإنتاجية تقدّر ب 6480 مم^3. أمّا السّرمي غير المكسو   CT5015 فإنتاجيته تقدّر ب   2160 مم^3 ويأتي في المرتبة الأخيرة السّرمي المكسو GC1525 بإنتاجية تقدّر ب 1440 مم^3.

قد بدا أيضا أنّه من أجل كلّ عناصر القطع المستخدمة و مهما تكن أداة القطع فإنّ قوى القطع الرّئيسيّة ليست دائما قوى الخرق-القوى الشّعاعيّة.

و قد تمّ تعيين أحسن المجالات و مدّة خدمة كلّ قلم.

Nomenclature

ap	Profondeur de passe, mm
f	Avance par tour, mm/tr
$F\ (F_{rés})$	Effort résultant, N
$Fa\ (F_x)$	Effort axial, N
$Fr\ (F_y)$	Effort radial, N
$Ft\ (Fv$ ou $F_z)$	Effort de coupe tangentiel, N
H	Dureté
HRC	Dureté Rockwell
HV	Dureté Vickers
KT	Usure en cratère, mm
R^2	Coefficient de détermination
Ra	Rugosité moyenne arithmétique, µm
Rt	Rugosité totale, µm
Rz	Profondeur moyenne de la rugosité, µm
r_ε	Rayon de bec de l'outil, mm
T	Temps d'usinage, min
VB	Usure en dépouille, mm
α	Angle de dépouille principal, degré
γ	Angle d'attaque, degré
λ	Angle d'inclinaison de l'arête tranchante, degré
θ	Température maximale dans la zone de coupe, degré Celsius
χ	Angle de direction principal, degré

Introduction générale

Pour optimiser le processus de coupe, il faut analyser les phénomènes qui le régissent. C'est dans ce contexte que s'inscrit notre travail. Il consiste à étudier le comportement des matériaux de coupe en termes d'usure, d'efforts de coupe, des rugosités des surfaces usinées et de température dans la zone de coupe en tournage dur à sec de l'acier X38CrMoV5-1 [AISI H11] traité à 50 HRC. Les matériaux que nous avons utilisés sont : les céramiques (noire Al_2O_3+TiC et renforcée Al_2O_3+SiC), le carbure et le cermet. Les pièces à charioter sont en acier fortement allié. Ce dernier est destiné pour le travail à chaud, exempt de tungstène sur base CrMoV, insensible aux changements de température et ayant une résistance à l'usure élevée. Il est employé pour la fabrication des matrices de module de porte pour voiture, des lames de rotor d'hélicoptère, des coquilles, des moules et inserts de coulée sous pression fortement sollicités avec durée de vie élevée.

Le premier chapitre expose l'état de l'art sur la coupe des métaux. Dans ce chapitre, nous avons évoqué les phénomènes physiques qui se produisent dans le processus de coupe. Les notions de la coupe des métaux, de l'usinabilité, des concepts (Couple Outil matière COM et Pièce Outil Machine POM), du tournage dur, de l'évolution des outils de coupe susceptibles d'être utilisés en usinage dur, des types de revêtement pour outils coupants, de la formation du copeau et des travaux de recherche sur l'usinage des aciers durcis ont été définies.

Le second chapitre présente les équipements indispensables à la réalisation des essais et les conditions expérimentales retenues (régime de coupe et plan d'expériences).

L'analyse du comportement des outils en termes d'usure en dépouille, de productivité, d'efforts de coupe et de rugosité des surfaces usinées et leurs évolutions en fonction des éléments du régime de coupe (longueur du copeau taillé, temps d'usinage, avance par tour, vitesse de coupe et profondeur de passe) est réalisée dans le troisième chapitre. Une étude approfondie sur les performances de la céramique mixte (Al_2O_3+TiC) est faite dans ce même chapitre.

Le quatrième définit l'étude statistique et les modèles mathématiques liés aux résultats des essais effectués par les céramiques de coupe (mixte et renforcée). Ainsi les valeurs des coefficients de corrélation et les constantes associées ont été calculées à l'aide de l'analyse de variance (ANOVA), la régression linéaire multiple et la surface de réponse des logiciels Minitab 15 et Design-Expert 8.

Le cinquième chapitre illustre la modélisation des efforts de coupe et des rugosités par le plan de Taguchi dans le cas de l'usinage par le carbure revêtu GC3015 pour un nouveau régime de coupe de neuf essais (table orthogonale L_9).

En dernier lieu, nous avons élaboré une conclusion générale suivie des perspectives et des références bibliographiques.

Chapitre I

Etat de l'art

I.1. Introduction

L'enlèvement de matière par outil coupant occupe toujours une place prédominante parmi les procédés de mise en forme des matériaux. La forte concurrence industrielle impose aux fabricants de fournir des produits de plus en plus performants à moindre coût. Bénéficier de l'innovation technologique est le meilleur moyen de répondre au besoin d'amélioration des procédés industriels existants. Les machines outils, les matières à usiner et les logiciels CFAO évoluent et les outils de coupe doivent suivre cette évolution. Il faut accroître leur connaissance par la caractérisation de leurs comportements mécaniques et chimiques, afin de garder le processus de coupe compétitif grâce aux gains de productivité et de qualité et de rationaliser les opérations coûteuses telles que les opérations d'usinage. De ce fait, il est important pour les industriels de nouer des liens étroits avec les organismes de recherche [1-2].

I.2. Coupe des métaux

L'interaction de l'outil de coupe avec la pièce, dans le but de l'enlèvement de la matière est appelée « usinage ». L'usinage est effectué par la machine, l'outil de coupe et le système de fixation. Un usinage plus rapide et plus efficace est très souhaitable et peut mener à l'épargne du temps et de l'argent. L'efficacité du procédé de l'enlèvement de la matière dépend de nombreux facteurs tels que l'outil de coupe, la vitesse de coupe, la géométrie de l'outil, la matière à usiner et le fluide de refroidissement qui est employé dans le processus. Il est important de délimiter clairement le domaine de la coupe des métaux et celui très voisin de l'étude de l'usinabilité. La coupe des métaux a pour but d'étudier l'influence de différents facteurs intervenants dans le processus de la coupe sur le comportement d'un matériau (vitesse de coupe, profondeur de passe, avance, arrosage ….) en utilisant des outils de compositions variées (acier fondu, acier rapide, carbure, céramique, nitrure de bore cubique CBN) et de géométries différentes. Au contraire, l'étude de l'usinabilité a pour but de comparer le comportement de différentes matières. Celles-ci étant usinées selon une même méthode d'usinage (tournage par exemple) dont des conditions de coupe toujours identiques à elles-mêmes, à l'aide du même outil tant ou point de vue de la composition chimique et traitement thermique qu'au point de vue de leur forme et leur affûtage [1-2].

I.3. Usinabilité des matériaux

L'usinabilité est une propriété particulièrement difficile à étudier car elle relève de deux domaines scientifiques et techniques différents, d'une part l'aspect métallurgique du problème, qui comprend les conditions d'élaboration et les processus de fabrication dont l'effet combiné conduit aux propriétés particulières du métal à mettre en œuvre, d'autre part l'aspect mécanique du problème, comprenant les conditions de la mise en forme du métal en vue de l'application envisagée.

Selon les auteurs, l'usinabilité est la propriété grâce à laquelle un matériau donné peut subir plus ou mois facilement une opération d'usinage déterminée. Il s'agit donc en principe d'une propriété inhérente à la matière envisagée [3-6].

I.3.1. Critères d'évaluation de l'usinabilité

Les critères pouvant permettre d'évaluer l'usinabilité d'un matériau sont nombreux et dépendent non seulement du type d'opération, mais aussi de l'usineur. Cette notion d'usinabilité reste néanmoins toujours liée à la production au moindre coût. Les principaux paramètres pris en compte lors de la caractérisation de l'usinabilité sont:

- la durée de vie des outils, éventuellement l'évolution de leurs usures au cours du temps ;
- les conditions de coupe ;
- les efforts de coupe et la puissance consommée par la coupe ;
- le fractionnement du copeau ;
- l'état de surface obtenu sur la pièce, dont la rugosité ;
- la productivité, qui est liée à la plupart des paramètres ci-dessus cités [3-6].

I.3.2. Facteurs influençant l'usinabilité

a) Résistance mécanique

On pense couramment que la résistance mécanique, ou la dureté qui lui est équivalente constitue un indice d'usinabilité significatif. En réalité, des aciers dont la dureté est rendue plus élevée par un traitement de trempe et revenu au lieu d'un traitement de recuit, peuvent avoir une usinabilité meilleure dans l'état le plus dur. Ce résultat est valable pour certaines résistances aux environs 800 MPa mais ne peut être étendu aux résistances plus élevées de l'ordre de 1100MPa. On rencontre alors des difficultés d'usinage dues à la résistance élevée du métal à la déformation [3-6].

b) Caractéristiques thermiques

Le tableau I.1 présente la conductivité thermique de quelques matériaux. Cette caractéristique est en relation étroite avec l'usinabilité car les aciers qui ont une conductivité réduite ne dissipent pas rapidement la chaleur générée lors de la coupe, ce qui conduit à la concentration de la chaleur au niveau du contact pièce-outil-copeau et par conséquent à l'usure accélérée de l'outil de coupe.

Matériau	Conductivité thermique, W/(m°K)
Acier inoxydable	12,11 ~ 45,0
Plomb	35,3
Aluminium	200
Or	318
Cuivre	380
Argent	429
Diamant	900 ~ 2320

***Tableau I.1.** Valeurs approximatives de la conductivité thermique pour une série de matériaux [6]*

c) Compositions chimiques

L'élément le plus important est le carbone. A basse teneur, l'acier composé de ferrite, est difficile à usiner. L'augmentation du pourcentage (% C) crée des solutions de continuité dans la matière de ferrite par formation de plages de perlite. On atteint un optimum d'usinabilité avec l'acier demi dur à 0,35 % de carbone. Une augmentation supplémentaire de la teneur en carbone rend l'acier de plus en plus dur et moins usinable.

Le manganèse n'agit pas de façon sensible tant qu'il n'est pas en proportion notable. A forte teneur, il favorise l'écrouissabilité et diminue l'usinabilité. Les éléments d'alliages usuels, comme le nickel ou le chrome n'ont que peu d'influence aux teneurs présentes dans les aciers de construction industriels faiblement alliés. A forte teneur, dans le cas d'aciers spéciaux ils agissent sur la structure et l'écrouissabilité. Les aciers inoxydables de type 18/8 (18% Cr et 8% Ni) par exemple, sont austénitiques, très écrouissables et difficiles à usiner [3-6].

I.3.3. Méthodes d'essais pour la détermination de la tenue de coupe des outils
a) Essai d'usure de longue durée à vitesse constante

Pour des conditions de coupe déterminées, on effectue des essais à des vitesses de coupe différentes, et on relève la durée de vie de l'outil, on effectue ainsi plusieurs essais. Cette méthode classique est très sure, mais elle est assez longue et laborieuse et exige une quantité assez considérable de matière à usiner et plusieurs outils.

b) Essai d'usure à vitesse croissante

Afin d'abréger la durée des essais et réduire la consommation du métal, on fait travailler l'outil jusqu'à détérioration de l'arête (ou jusqu'à un degré d'usure déterminé), avec des vitesses croissantes suivant une loi bien déterminée:
- croissance continue (par exemple: dressage sur tour d'une face plane, l'outil avance radialement) ;
- croissance peut être obtenue par chariotage conique ;
- ou croissance par paliers, si le tour est équipé d'un variateur de vitesse [3-6].

I.4. Concepts Couple Outil Matière (COM) et Pièce Outil Machine (POM)
I.4.1. Couple Outil Matière (COM)

Dans le milieu industriel, pour les processus d'usinage par outil coupant, la préoccupation principale est de déterminer les paramètres de coupe optimaux. Du fait des limitations des méthodes de calculs, les ingénieurs ont tenté de développer des méthodologies robustes et de les mettre en œuvre avec un minimum d'expériences. Le but de ces méthodologies est de déterminer les paramètres de coupe en utilisant l'information accessible obtenue à partir d'outils de mesure conventionnels, ou d'observations visuelles. Une de ces méthodologies est construite avec le concept du Couple Outil / Matière (COM). Ce concept rassemble une suite de modèles physiques dans une méthodologie propre unifiée pour déterminer une plage de travail d'un outil donné dans une pièce définie. Etablir un COM consiste à définir des limites pour la vitesse de coupe, la pénétration et l'avance par tour. Cette zone est déterminée en utilisant un minimum d'expériences. Chaque procédé d'usinage (tournage, fraisage, perçage …) possède son propre ensemble de modèles et de procédures méthodologiques. Ce concept du COM est appliqué dans l'environnement industriel [7].

I.4.2. COM et liaison avec le système POM

La boucle cinématique du système usinant comprend de nombreux composants. Elle peut être illustrée simplement comme sur la figure I.1 dans le cas du tournage. Sur cette figure la flèche circulaire lie les éléments du système POM. Seule l'interface Pièce – Outil ne présente pas de liaisons mécaniques. Ils sont connectés par le COM qui est l'élément excitateur.

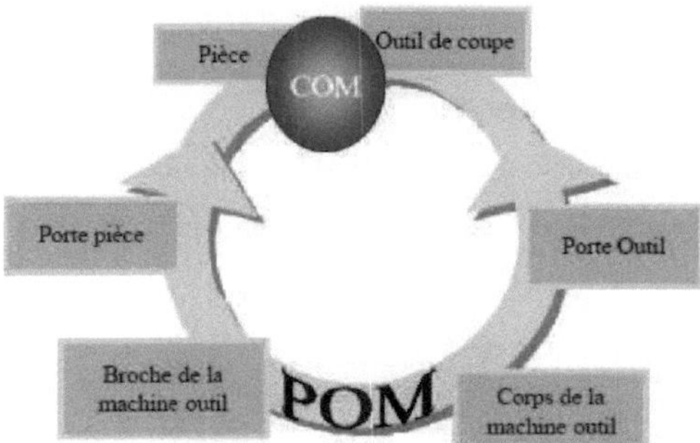

Fig. I.1. *Composants de la chaîne cinématique associés au COM et au POM [7]*

Les paramètres d'usinage sont choisis dans le COM associé, et il est nécessaire de considérer l'ensemble du système usinant dans la boucle.

Les éléments du système POM restreignent la zone de validité du COM. Par exemple, les gammes de fréquences de la broche qui font vibrer l'ensemble du système POM seront à exclure du COM. La démarche consiste donc à restreindre les limites du COM en considérant les éléments du POM. Sur la figure I.1, nous pouvons donc distinguer clairement le niveau du COM et celui du POM. Le POM est constitué de l'ensemble des éléments excités par le COM [7].

I.5. Tournage dur (TD)

Depuis toujours, le fabricant essaye d'améliorer et d'augmenter la productivité en usinant : plus difficile, plus précis, et surtout plus économique. Grâce à l'avancée technologique des machines outils en matière de leur puissance, leur rigidité, leur précision, l'apparition d'outils très durs dont les (carbures revêtus, céramique, et CBN), ayant une grande dureté, une grande résistance à l'usure et une bonne résistance aux chocs ; une nouvelle technique d'usinage a vu le jour appelée le tournage dur.

Le tournage dur se présente comme une alternative à la rectification conventionnelle qu'il vise soit à remplacer, soit à compléter. Aussi, ce procédé remet complètement en causse la méthodologie appliquée à une gamme de fabrication. Il faut cependant garder à l'esprit que la qualité des usinages découle de la rigidité du tour (pas de vibration) [8-10].

I.5.1. Définition du tournage dur

C'est un procédé d'usinage des métaux ferreux durcis entre 45 et 70 HRC par des opérations de finition interne ou externe et dans certain cas d'ébauche, ces matériaux durs sont caractérisés par les propriétés suivantes :

➢ une grande dureté à la pénétration ;

➢ un pouvoir abrasif élevé ;

➢ une faible ductilité ;

➢ un grand rapport dureté (HV)/module de Young E, impliquant une quantité non négligeable du retour élastique local, l'erreur dimensionnelle devient importante pour la finition des matériaux durs.

La technique nous permet d'utiliser des outils à angle de coupe fortement négatif (angle $< 20°$) et un angle de direction d'arête $\chi < 90°$.

Que veut dire le mot dur :

1- dur au sens de la dureté du matériau usiné ;

2- dur au sens de difficulté à usiner le matériau, conséquence de sa très mauvaise usinabilité (un matériau peut être difficile à usiner sans pour autant être dur) ;

3- dur au sens de la difficulté de l'opération d'usinage (alésage profond, travail au choc…) (figure I.2) **[8-10]**.

Fig. I.2. *Opération d'usinage avec un outil en CBN [8]*

I.5.2. Buts de la technique

Par rapport à la rectification cylindrique le tournage dur de précision permet de rationaliser le processus de fabrication avec des cycles plus courts et la réalisation de plusieurs opérations à une seule prise, en augmentant la productivité, contribuant à une grande qualité et évitant les huiles de coupe.

I.5.2.1. But technologique

Les résultats obtenus lors du tournage dur des aciers durcis (45 < HRC < 70) ont donné un très bon état de surface comparable à celui obtenu par la rectification (Ra = 0,1 µm). Par conséquent et dans plusieurs cas le tournage dur peut remplacer la rectification.

La figure (I.3) illustre l'intérêt technologique de cette technique comparée à la méthode conventionnelle de production.

On distingue deux méthodes :

a- Méthode conventionnelle de production

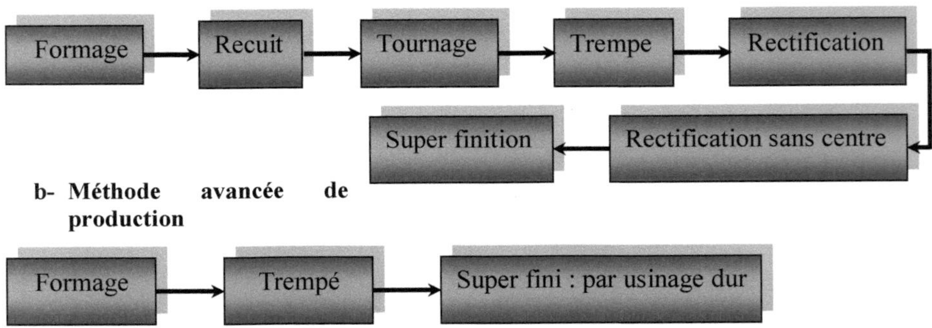

b- Méthode avancée de production

Fig. I.3. Cycle de production des bagues des roulements des roues dentées des cames obtenues respectivement par (a) et (b) [6]

I.5.2.2. But économique

La substitution de la rectification par le TD permet un gain considérable pendant la fabrication d'une pièce, le tableau (I.2) indique à titre d'exemple le gain qu'on peut avoir selon Général Electrique de France.

	Rectification		Tournage dur	
	Temps	Coût	Temps	Coût
Temps de cycle (min)	17	/	4,50	/
Taux horaire F/h	300	/	350	/
Coût pièce (F)	/	85	/	26,50
Coût outil-meule 100 pièces	/	1,70	400	4
Nbre de pièce/outil	100	/	100	/
Coût de dressage	/	1	/	/
Temps de rodage (min/p)	4	/	2	/
Coût de rodage F/h	300	/	300	/

Tableau I.2. Apport économique du tournage dur d'une bague d'appui par rapport à la rectification selon GE France [6]

I.5.2.3. But écologique

Le taux de pollution élevé de l'environnement a obligé les états de prendre des nouvelles mesures pour la protection de l'environnement en imposant des lois très sévères, mais plusieurs industriels ne se plient pas à ces lois et continuent à polluer l'environnement parce que ces nouvelles lois leur font perdre de l'argent. Les nouvelles tendances pour résoudre le problème de la pollution lié à la production sont de produire des déchets non recyclables.

L'utilisation de lubrification lors de l'usinage cause plusieurs problèmes environnementaux tels que :

- La pollution de l'environnement par la dissociation chimique du fluide à haute température de coupe.
- Le problème dermatologique pour les opérateurs lors du contact physique avec le liquide.
- La pollution de l'eau lors du traitement du lubrifiant.

I.5.3. Avantages du tournage par rapport à la rectification rectiligne

Un des principaux avantages du tournage dur par apport à la rectification réside au niveau de l'enlèvement de matière par unité de temps. Lors du processus de rectification, de très petites particules de matériaux sont enlevées (poussières), tandis que dans le cas du tournage dur, ce sont des copeaux qui sont enlevées (d'un diamètre de plusieurs dixièmes de millimètre à quelques millimètres par tour). Par conséquent, le gain de temps obtenu grâce au tournage dur peut atteindre 60%. Lorsque la plaquette de coupe est usée, celle-ci peut être remplacée assez rapidement. Dans le cas du processus de rectification, les meules doivent régulièrement être soumises à un rhabillage afin de rétablir leur forme. Il est parfaitement possible de tourner des pièces de géométrie différente à l'aide de la même plaquette de coupe étant donné que celle-ci suit une course programmée (contour de la pièce à usiner). Dans le cas de la rectification, il faut utiliser, pour chaque forme nouvelle, des meules spécialement profilées.

Le processus du tournage dur se caractérise par un usinage complet en une seule opération. L'ordre « classique » d'usinage (dégrossissage à tournage dur) sera maintenu en fonction de la quantité du matériau à enlever durant l'opération de dégrossissage. Dans certains cas, l'ordre d'usinage dégrossissage à tournage dur à rectification peut être remplacé complètement par le tournage dur.

Dans certains cas, on peut renoncer à l'utilisation de lubrifiant de refroidissement. Sous cet angle, le tournage dur, à l'opposé de la rectification, est une technique de production respectueuse de l'environnement. En effet, une première économie est réalisée du fait qu'il ne faut pas utiliser de liquide de refroidissement et une deuxième étant donné qu'aucun déchet ne doit être éliminé.

L'hygiène (pas d'émanations) au niveau du poste de travail constitue également un aspect non négligeable. La figure I.4 présente les avantages du tournage dur par rapport à la rectification.

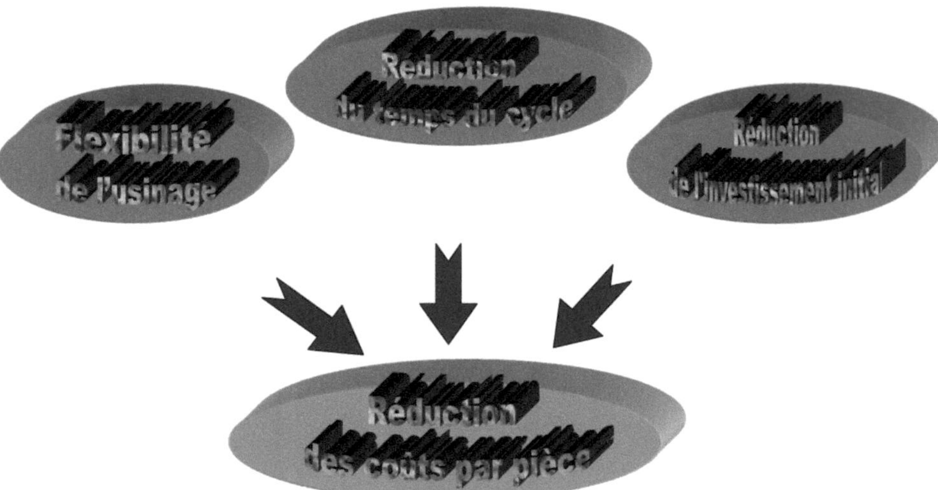

Fig. I.4. *Avantages du tournage dur par rapport à la rectification cylindrique [6]*

Dans certains cas, il ne sera pas possible, d'un point technique ou économique, de remplacer la rectification cylindrique par le tournage dur (figure I.5). Il se peut, par exemple, que la courbure de la pièce soit si importante que les tolérances dimensionnelles ne puissent être atteintes. Ceci peut se produire dans le cas d'une pièce mince. En effet, dans le cas du tournage dur, la force de la pression en retour est plus importante que la force principale de coupe (*Fp>Fc*), contrairement au tournage de pièce à l'état non durci. Le diamètre des pièces à tourner ne doit pas être trop petit de sorte que les vitesses de coupe requises puissent continuer à être atteintes. Prenons par exemple une pièce de 8 mm de diamètre et une vitesse de coupe de 160 m/min. Pour cela, la fréquence de rotation doit être de 6370 tr/min. Il se peut que cette fréquence de rotation ne puisse être fournie dans n'importe quelle condition.

En fonction de la géométrie, il est possible que la pièce ne puisse être fixée sur le tour (trop grande, trop petite, forme trop complexe).

Pour certaines applications, la surface ne peut présenter un relief fileté. C'est notamment le cas des composants hydrauliques qui nécessitent des garnitures d'étanchéité. La surface des pièces tournées présentera toujours une structure filetée, contrairement à celle des pièces rectifiées **[8-10]**.

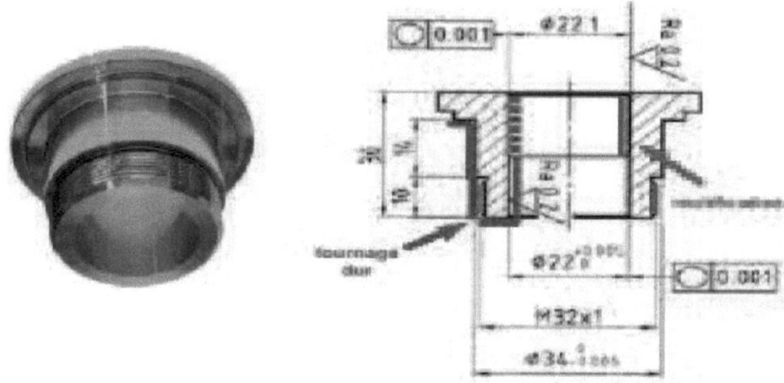

Fig. I.5. *Comparaison entre le tournage dur et la rectification [6]*

I.6. Evolution des outils de coupe

Le rendement économique des machines-outils dépend essentiellement des performances des outils de coupe. Ces derniers se caractérisent par leur dureté, leur résistance à l'abrasion, leur ténacité et leur inertie chimique à haute température. Les principaux matériaux de coupe utilisés en tournage des pièces dures sont : les carbures, les céramiques, les cermets et le nitrure de bore cubique **[11-13]**.

I.6.1. Carbures métalliques

Les premières applications des carbures de coupe se sont faites sous forme de plaquettes brasées sur des corps d'outils en acier ordinaire, la partie active de ces outils étant réaffûtée au fur et à mesure de son usure. Vers 1958 ont été créés les outils à plaquettes amovibles. Ce type d'outil a été rapidement adopté car les avantages des plaquettes amovibles sont nombreux:

- suppression de l'affûtage ;

- conditions de coupe plus sévères ;

- indexage (repérage mécanique) de la plaquette pour remplacer une arête usée ou un changement de nuance plus rapide que le changement d'un outil brasé ;

- affilage d'arête recommandé dans le tournage de l'acier, exécuté d'une façon automatique par le fabricant de plaquettes alors que, pour l'outil brasé, il est réalisé à la main par l'opérateur [11-13].

a) Carbures métalliques sans revêtement

La dureté des carbures métalliques (environ 1500 à 2500 HV), très supérieure à celle des aciers rapides non surcarburés (66 HRC soit environ 865 HV), jointe à une résistance importante (résistance à la flexion de 800 à 2200 MPa) rend ces aciers plus utilisés. Leur dureté à chaud permet l'usinage jusqu'à une température de 1000 $^{\circ}$C.

La symbolisation des carbures a fait l'objet de la recommandation NF E 66-304 (ISO 513), les nuances y sont divisées en trois grandes catégories:

-P: pour métaux ferreux à copeaux longs ;

-M: pour métaux ferreux à copeaux longs, à copeaux courts et métaux non ferreux ;

-K: pour métaux ferreux à copeaux courts, métaux non ferreux et matières non métalliques.

Dans chaque catégorie, un nombre allant de 01 à 50 indique la ténacité croissante et la diminution de la résistance à l'usure. Les nuances modernes de carbures étant de plus en plus polyvalentes et performantes, il devient difficile de les classer ainsi. Cela implique des difficultés croissantes pour établir des équivalences directes entre fabricants. Par contre, les carbures métalliques non revêtus sont de plus en plus employés pour certains types d'outils en remplacement de l'acier rapide.

On peut citer: foret en carbure monobloc, foret à insert rapporté en carbure, alésoir à plaquettes, alésoir monobloc, taraud, insert brasé pour les outils de décolletage [11-13].

b) Carbures métalliques avec revêtement

A partir de 1969 apparaît un nouveau type de matériau de coupe:

Le carbure revêtu est constitué par une plaquette en carbure métallique recouvert par un film mince (3 à 10 µm) d'un matériau plus dur.

Les couches les plus usuelles sont le carbure de titane, le nitrure de titane, le carbonitrure de titane et l'alumine. Chacune de ces couches apporte à l'outil une amélioration dans un domaine particulier (résistance à l'usure, à l'oxydation, au frottement...). Aussi des dépôts multicouches ont été réalisés afin de combiner leurs différents avantages. Des revêtements à base de nitrure de hafnium et de carbure de chrome ont été également commercialisés.

Ces couches sont obtenues généralement par CVD dans des fours entre 800 et 1100^0C, ce qui permet d'obtenir des dépôts de très bonne adhérence. Pour certaines applications comme le fraisage, ces dépôts sont parfois réalisés à basse température par PVD afin de fragiliser le moins possible le substrat carbure.

Les nouvelles générations de plaquettes amovibles en carbure revêtu sont généralement très complexes. Le substrat est dit enrichi au cobalt, ce qui signifie que le taux de cobalt est différent au cœur et en périphérie de la plaquette. Cela permet d'améliorer la résistance à l'usure d'où une meilleure résistance aux fortes vitesses de coupe tout en conservant une ténacité acceptable. Le nombre de couches varie d'un fabricant à l'autre. Il peut aller de deux à dix en moyenne, généralement réalisées par procédé CVD. Contrairement aux premiers carbures, il est maintenant impossible de dissocier le substrat du revêtement. Les substrats sont en effet conçus pour recevoir certains types de revêtements, ou au contraire, pour être non revêtus [11-13].

I.6.2. Céramiques

Les céramiques constituent un éventail de nuances adaptées à une gamme étendue d'opérations. Cela va de la fonte et de l'acier à l'usinage hautement spécialisé de matières réfractaires et d'aciers trempés. Le besoin de rectification, par exemple, peut être éliminé lorsqu'on recourt aux plaquettes céramiques car elles sont extrêmement productives quand elles sont utilisées à bon escient. Elles exigent toutefois un contexte d'usinage précis en matière de stabilité, de conditions de coupe, d'arête de coupe et de type de coupe. Les plaquettes céramiques sont conçues pour un taux élevé d'enlèvement de matière dans les situations où la précision de cotes et la qualité du fini de surface doivent demeurer inchangées tout au long de la durée de vie de l'outil. Cependant, elles ne conviennent pas pour certaines matières. Les céramiques utilisées dans le cas de l'usinage de matériaux à haute dureté sont principalement :

- les céramiques mixtes sont connues sous le nom de carboxydes. L'alumine (Al_2O_3) est alliée à d'autres carbures métalliques comme le TiC. Mais on trouve également des combinaisons de Al_2O_3 avec du nitrure de titane (TiN) ou TiC/N (carbonitrure) ;

- les céramiques renforcées dénommées « Whiskers » sont des matériaux de coupe à base de l'oxyde d'aluminium renforcés au moyen d'une dispersion des fibres en carbures de silicium (Al_2O_3+SiC). Les Whiskers sont des fibres monocristallines.

- les céramiques à base de nitrure de silicium dont les plus connues sont les (Si_3N_4). Actuellement l'usinage avec les céramiques de coupe est limité aux aciers cémentés et trempés à une dureté égale à 65HRC, permettant ainsi une rugosité (Ra = 0,4 μm) **[12-14]**.

I.6.3. Cermets

Le cermet est un terme formé de deux syllabes: cer vient de céramique et met de métal. Les cermets sont des matériaux élaborés par la métallurgie des poudres, constitués par des particules de composés métalliques durs (carbures, nitrures, carbonitrures) liées par un métal (généralement du nickel). Actuellement, les cermets sont composés de TiC, TiN, TiCN, Mo_2C, WC, VC, TaC, NbC, Ni et Co.

Les propriétés d'utilisation des cermets dépendent pour une grande part des proportions des différents composants cités ci-dessus, notamment des teneurs en TiC, TiN et TiCN et du rapport N/(C + N) qui, dans la dernière génération de cermets, est supérieur à 0,3. La taille des particules dures a également une grande influence sur les propriétés des cermets. Des grains fins améliorent la ténacité et la résistance aux chocs thermiques.

Les cermets présentent en outre une grande inertie chimique réduisant les phénomènes de cratérisation et d'arête rapportée. Leur bonne résistance à l'usure et leur grande ténacité permettent de travailler en coupe positive, d'où de moindres efforts de coupe, de bons états de surface et une grande précision dimensionnelle des pièces usinées. Les cermets ne nécessitent pas obligatoirement de lubrification, elle est réalisée uniquement lorsque la précision de la finition l'exige **[12-14]**.

I.6.4. *Nitrure de bore cubique (CBN)*

Le nitrure de bore cubique n'existe pas à l'état naturel. C'est un produit de synthèse issu de la métallurgie des poudres. Il est obtenu, à partir de nitrure de bore de structure hexagonale au naturel, par frittage à haute température (1800°K) et à haute pression (5 GPa). Ses propriétés se résument en sa dureté à chaud élevée jusqu'à 2000 °C, sa haute résistance à l'usure par abrasion, sa bonne stabilité chimique pendant l'usinage et il est relativement cassant, mais plus tenace et plus dur que la céramique de coupe. Les propriétés d'une nuance de coupe CBN peuvent varier en raison du changement de la taille du cristal, de la teneur et du type de liant. Une teneur en CBN faible associée à un liant céramique améliore la résistance à l'usure et la stabilité chimique. Cette nuance de coupe convient particulièrement pour la finition d'aciers et de fontes durs. Une teneur plus élevée en CBN entraîne une augmentation de la ténacité. Les CBN sont essentiellement utilisés dans les applications impliquant une grosse ébauche avec des contraintes d'arête mécaniques et des sollicitations thermiques élevées. Ils conviennent principalement à l'usinage de fontes dures et d'alliages réfractaires **[12-14]**.

I.7. Revêtement pour outils coupants

I.7.1. *Fonction d'un revêtement en usinage*

La fonction principale que l'on peut exiger d'un revêtement est la protection de l'outil contre les agressions extérieures qu'il subit lors d'une opération d'usinage. Ces sollicitations sont d'ailleurs fortement variables d'une technique d'usinage à une autre, et d'une application à une autre [15].

I.7.2. Propriétés des revêtements

Les fonctions préalablement attribuées à un revêtement doivent en définitif se traduire par des objectifs opérationnels, en lien avec des propriétés physiques quantifiables et/ou qualifiables. Ainsi, il est possible de demander au système substrat + revêtement de répondre au cahier des charges suivant :

- ❖ une ténacité élevée ;
- ❖ une parfaite adhésion sur le substrat ;
- ❖ une grande résistance à la formation et à la progression des fissures ;
- ❖ une dureté élevée et une inertie chimique élevée ;
- ❖ une faible conductivité et diffusivité thermiques ;
- ❖ une haute résistance à l'oxydation ;
- ❖ une épaisseur adéquate et une fonction barrière de diffusion.

Ces propriétés doivent être conservées à la plus haute température possible, en lien avec les sollicitations thermiques de l'opération d'usinage visée [15-17].

I.7.3. Types de revêtements

Les revêtements déposés industriellement peuvent se décomposer en 2 familles distinctes : les revêtements déposés par voie physique (Physical Vapor Deposition: PVD) et les revêtements déposés par voie chimique (Chemical Vapor Deposition: CVD). Chacune de ces familles possède une variété importante de sous-familles en constante évolution depuis quelques années. Ainsi, les procédés PVD sont basés sur trois types de technologie : l'évaporation, la pulvérisation et le dépôt ionique (ou 'ion-plating'). Chacune de ces sous-familles connaît également des variantes basées sur des moyens différents d'aboutir à l'évaporation ou à la pulvérisation des sources de matière : faisceau d'ions, effet joule, diode, etc. L'ensemble de ces procédés permet de déposer des couches de compositions et d'aspects très voisins. Cependant, les modalités de dépôts peuvent entraîner des différences très importantes en termes de texture, adhésion, dureté, etc. Il est important de noter que les technologies de déposition ont subi de très grandes évolutions ces dernières années. A tel point qu'il est difficile de donner un aperçu exhaustif de l'ensemble des variantes **[18-19]**.

La figure I.6 présente les principaux modes de revêtement.

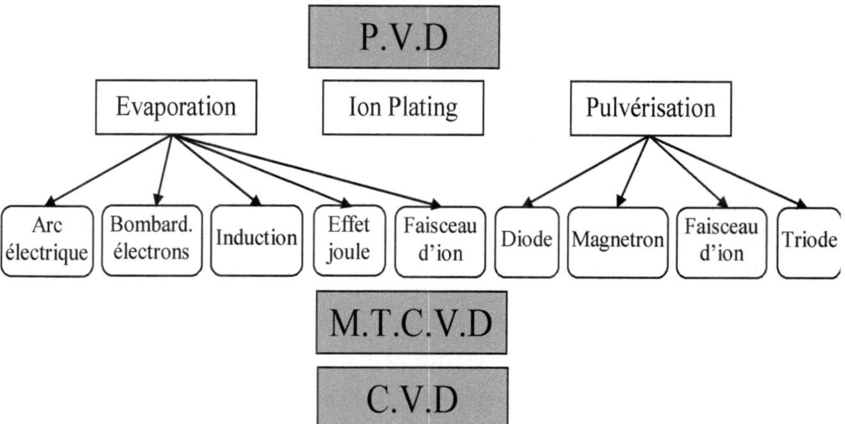

***Fig. I.6.** Principaux modes de déposition de revêtement pour outils-coupants [19]*

Le tableau I.3 montre les différents types de revêtements et leurs significations.

Type	Signification	Température	Technique
CVD	Dépôt chimique en phase vapeur	530°C	La plus répandue
PVD	Dépôt physique en phase vapeur	200°C	Courante
PCVD	Dépôt chimique en phase vapeur assisté par plasma	315°C	De plus en plus courante
MTCVD	Dépôt chimique en phase vapeur à moyenne température	425°C	Récente

***Tableau I.3.** Différents types de revêtements et leurs significations [19]*

Les dépôts réalisés industriellement par PVD et CVD sont issus de familles très voisines, par contre leurs propriétés résultantes font que certains revêtements sont systématiquement réalisés par une des techniques. Ainsi, dans le domaine des outils-coupants, les procédés CVD produisent couramment les revêtements suivants :

- ❖ revêtements à base de titane : TiC, Ti(C, N), TiN, TiB_2 ;
- ❖ revêtements céramiques : Al_2O_3, ZrO_2, Si_3N_4 ;
- ❖ revêtements 'ultra-dur' : Diamant, Diamant Like Carbon (DLC).

Les procédés PVD réalisent plutôt des revêtements du type :

- ❖ revêtements à base de titane : TiC, Ti(C, N), TiN, TiB_2, (Ti, Al)N ;
- ❖ revêtements 'ultra-dur' : Diamant, Diamant Like Carbon (DLC), Cubic Boron Nitride (CBN) ;
- ❖ revêtements lubrifiants : MoS_2, WC/C, CrC/C.

Les revêtements de la famille des TiN, Ti(C, N) et (Ti, Al)N sont de loin les plus répandus en usinage. Ces revêtements doivent leur succès à leurs très bonnes propriétés moyennes dans l'ensemble des applications d'usinage et surtout leurs très bonnes adhésions aux substrats les plus couramment utilisés: acier rapide, carbures, cermet. Les revêtements céramiques se sont beaucoup moins développés du fait de leurs grandes fragilités et de leurs manques d'adhésion.

De plus, les revêtements à base de titane se déposent aussi bien par les procédés PVD que par les procédés CVD, alors que les revêtements céramiques sont très difficiles à réaliser en PVD. Les avantages et les inconvénients des deux techniques sont regroupés dans le tableau I.4. Ainsi dans le cadre d'un usinage continu (perçage, tournage), un revêtement épais et adhérant sera préféré (afin d'accroître la quantité de matière à enlever).

Pour les procédés à coupe interrompue (fraisage, taillage, etc.), il sera privilégié un revêtement tenace, résistant à l'oxydation et ayant des contraintes de compression. Ces conditions favorisent plutôt les revêtements obtenus par PVD. Cette analyse est à moduler avec l'apparition de revêtements MTCVD.

Par ailleurs, cela nécessite d'avoir des arêtes arrondies ce qui privilégie l'emploi des dépôts CVD, même si les dépôts PVD peuvent aussi s'appliquer sur des arêtes préalablement rodées. Les opérations de finition nécessitent des arêtes vives, ce qui privilégie plutôt l'emploi de revêtements PVD **[15-19]**.

	Avantages	**Inconvénients**
PVD	❖ Investissement limité ❖ Faible température de dépôt ❖ Bonne adhérence de dépôt ❖ Couches en contraintes compressives ❖ Nombreuses possibilités de dépôt ❖ Bonne acuité d'arête des outils	❖ Nécessité de réaliser les dépôts sur des pièces de formes voisines ❖ Vitesse de dépôt faible ❖ Dépôts non uniformes ❖ Difficultés pour revêtir des outils à géométrie complexe
CVD	❖ Grande pureté des dépôts ❖ Grande variété de composition ❖ Possibilité de dépôt sur des pièces complexes ❖ Bonne adhérence sur substrat carbure	❖ Température de déposition élevée ❖ Investissement élevé ❖ Résidus toxiques de déposition ❖ Mauvaise acuité d'arête des outils ❖ Couches en contraintes de traction ❖ Risques d'attaque des substrats par les gaz corrosifs

Tableau I.4. *Comparaison des propriétés des modes de déposition PVD et CVD **[19]***

I.8. Formation du copeau

En pénétrant dans la pièce, l'outil provoque tout d'abord une déformation élastique et ensuite une déformation plastique et au fur et à mesure que l'outil s'enfonce dans le métal, les contraintes dans la couche cisaillée augmentent et lorsqu'elles atteignent la valeur correspondante à la charge du rupture, elles provoquent le glissement des couches les unes par rapport aux autres suivant un plan de glissement caractérisé par l'angle de cisaillement φ. Ce mécanisme de glissement des couches conduit à la formation du copeau **[17]**.

Les observations micrographiques mettent généralement en évidence la présence de 3 zones lors de la formation du copeau (figure I.7). On distingue 3 zones principales :

- Zone (**I**) de cisaillement primaire où la matière subit une déformation plastique ainsi qu'un échauffement considérable.
- Zone (**II**) de cisaillement secondaire à l'interface de l'outil et du copeau : étant une zone de frottement et de glissement qui est responsable entre autres de

l'usure en cratère de l'outil. Un écrouissage important de la face interne du copeau s'y produit. A basse vitesse de coupe, le frottement du copeau avec l'outil crée une arête rapportée qui disparaît à plus grande vitesse pour être remplacée par la zone de cisaillement secondaire.

- Zone (**III**) de cisaillement tertiaire entre la face de dépouille et la surface usinée : elle donne naissance à une usure en dépouille, suite au retour élastique de la matière après le passage de la pointe de l'outil.

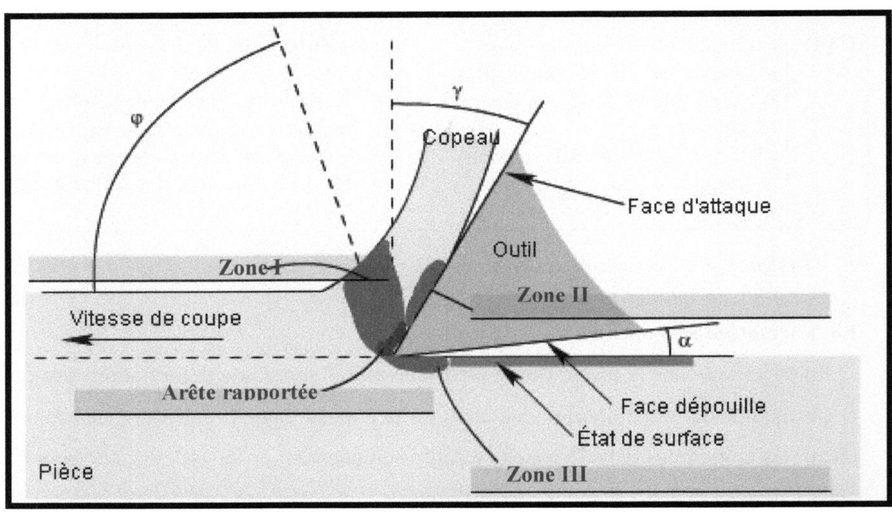

Fig. I.7. Principales zones de cisaillement du copeau [17]

I.8.1. Types de copeaux

On est en mesure d'effectuer une classification des formes d'élaboration du copeau suivant les trois groupes principaux suivants :

- coupeau continu ;
- coupeau discontinu (ou festonné) ;
- coupeau dentelé.

I.8.1.1. Copeau continu

Il se forme par déformation plastique de cisaillement, sans fissuration au niveau de la zone de cisaillement primaire. Ce cas est le plus simple à traiter, la matière s'écoule sur l'outil de façon continue et stationnaire. La plupart du travail numérique de coupe mise au point au cours de cette étude est basée sur ces considérations (figure I.8).

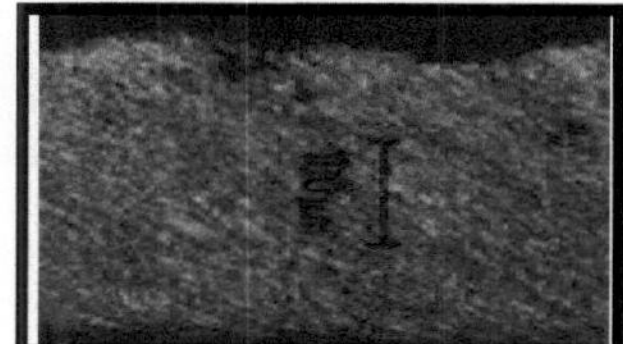

Fig. I.8. Copeau continu [17]

I.8.1.2. Copeau discontinu

Dans la catégorie des copeaux discontinus, on considère deux cas distincts ; les copeaux discontinus de cisaillement et les copeaux discontinus déchirés.

- ✓ Les premiers résultent d'une déformation plastique jusqu'à la défaillance du matériau, suivie d'une fissuration, de sorte qu'il se forme des copeaux à partir de plus ou moins d'éléments individuels continus. Ces copeaux sont caractéristiques de l'usinage des aciers.
- ✓ Les seconds se forment sans déformation plastique importante par arrachement de copeaux irréguliers. On observe ce comportement dans le cas de l'usinage d'un matériau fragile comme la fonte.

La rigidité de porte outil est un facteur externe influant sur la formation des copeaux discontinus. Des observations montrent que la période de festonnage est la fonction de la rigidité de porte outil, traduisant la présence d'un phénomène de résonance (figure I.9).

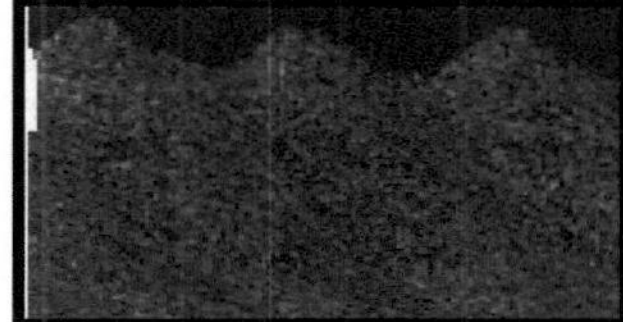

Fig. I.9. Copeau discontinu [17]

I.8.1.3. Copeau dentelé : dit « dents de scie » il est en majorité formé d'éléments séparés dus plutôt à une rupture du matériau qu'à un cisaillement de celui-ci (figure I.10) [17].

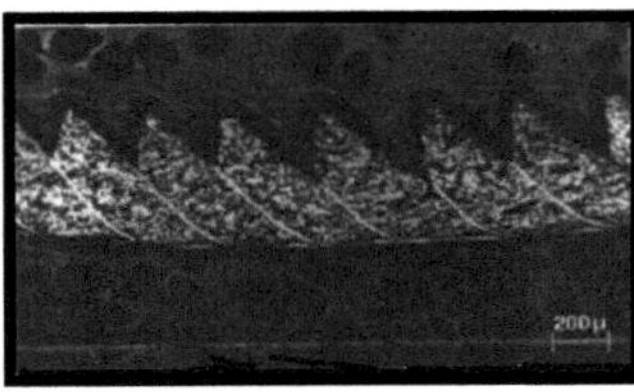

Fig. I.10. Copeau « dent de scie » produit en tournage dur [17]

I.9. Travaux de recherche sur l'usinage des pièces traitées

Dans ce point, nous présentons les résumés de quelques travaux de recherche en TD réalisés pendant cette dernière décennie.

Les matériaux durs sont caractérisés par un pouvoir abrasif élevé, une grande dureté, une faible ductilité et un rapport entre la dureté et le module d'élasticité élevé. Lors de l'usinage de ces matériaux, il faut s'assurer que les valeurs pratiques des profondeurs de passes et des avances soient faibles de façon à limiter les efforts de coupe et les déformations [17].

Pour usiner ces matériaux, on fait appel à des outils coupants de qualité. Les plaquettes utilisées en tournage dur sont des plaquettes carbures, des céramiques, des cermets et des CBN. Les plus utilisées sont celles à base de Nitrure de Bore Cubique (CBN) pour leur bonne compatibilité avec les aciers. C'est le matériau le plus dur après le diamant. C'est un matériau de synthèse élaboré sous hautes pressions et températures. Pour prévenir l'écaillage de l'arête de coupe un chanfrein de protection est utilisé, ce qui conduit à un angle de coupe très négatif. Comme l'épaisseur du copeau est très faible, l'usinage est essentiellement effectué avec le chanfrein de l'outil [20].

Aslan [21] a exploré les performances de différents outils de coupe en termes d'usure dans le fraisage de finition de l'acier à outil pour travail à froid X210Cr12 durci à 62 HRC. Le but de ces expériences est l'étude de l'usure d'un carbure de tungstène revêtu TiCN, un carbure de tungstène revêtu TiCN+TiAlN, un cermet revêtu TiAlN, céramique mixte (Al_2O_3+TiCN) et des outils en CBN. Les résultats ont indiqué que l'outil CBN prouve une meilleure performance de coupe en termes d'usure en dépouille et d'état de surface. Le volume d'enlèvement du métal le plus élevé a été obtenu avec l'outil CBN (Fig. I.11).

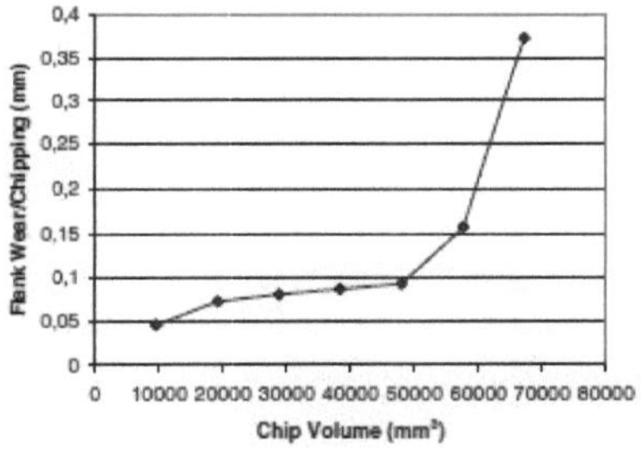

Fig. I.11. Progression de l'usure en dépouille avec l'augmentation du volume de copeau enlevé par un outil en CBN [21]

Dureja *et al* [22] ont proposé la modélisation de l'usure de l'outil et la rugosité de la surface, par la méthodologie de surface de réponse (RMS) lors du tournage dur de l'acier AISI H11 avec des plaquettes en céramique mixte revêtue de TiN. L'effet des paramètres de coupe (vitesse de coupe, avance, profondeur de passe et dureté de la pièce) sur les facteurs de réponse (usure en dépouille et la rugosité de surface) a été établie par l'analyse de la variance (ANOVA). Le meilleur modèle quadratique non linéaire a adapté les points de repères expérimentaux. La fonction de l'approche désirable a été employée pour l'optimisation multiple des facteurs de réponse. Les expériences de confirmation effectuées pour vérifier la validité des modèles développés ont prévu des facteurs de réponse dans les limites d'erreur de 5%. On observe que l'avance, la profondeur de passe et la dureté de la pièce ont un impact statistiquement significatif sur l'usure en dépouille, mais l'avance et la dureté de la pièce sont les facteurs significatifs affectant la rugosité de surface.

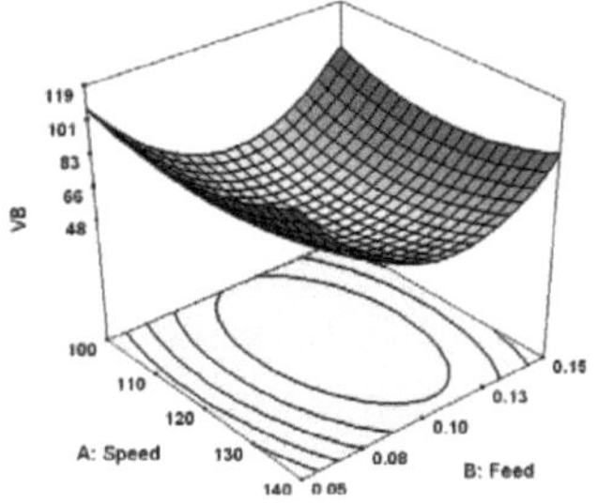

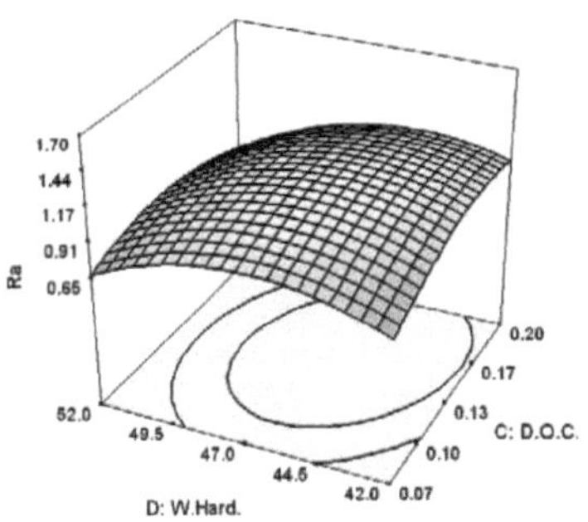

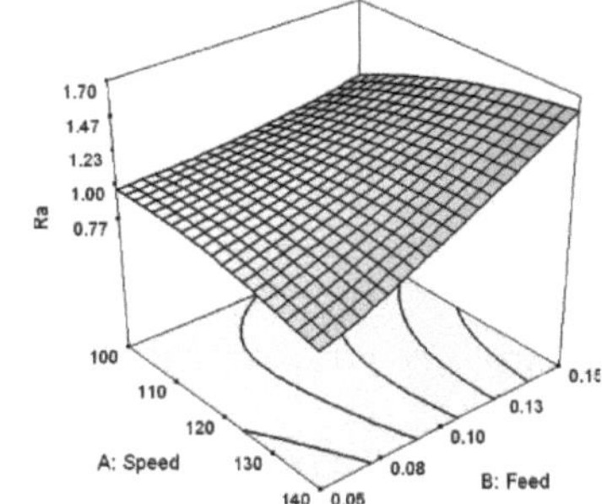

Fig. I.12. *Effet de Vc et de l'avance sur l'usure VB [22]*

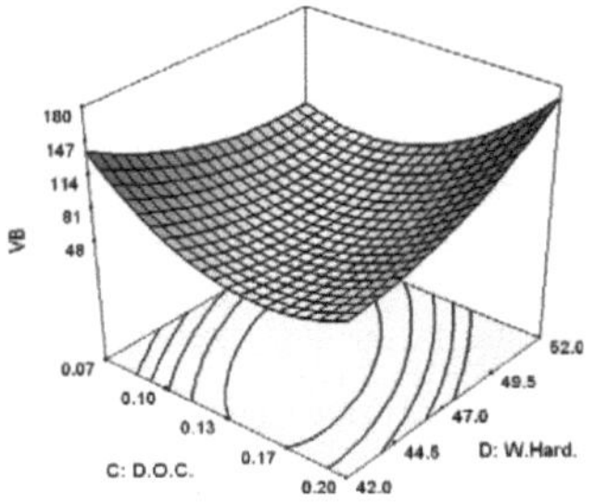

Fig. I.13. *Effet de ap et de la dureté de la pièce sur l'usure VB [22]*

Fig. I.14. *Effet de la dureté de la pièce et ap sur Ra [22]*

Fig. I.15. *Effet de la vitesse de coupe et de l'avance sur Ra [22]*

La caractérisation de l'usure des plaquettes a été effectuée par un microscope à balayage électronique et son analyse a été faite par rayon X (MEB-DEX). L'outil semble être usé par l'abrasion. L'écaillage de la surface d'outil dû au frittage et l'impact des particules dures dans le matériau de coupe sont les conséquences d'une usure par adhésion (Figures I.12-I.15)

Mahfoudi *et al* **[23]** ont exécuté l'UGV pour le tournage dur d'un acier durci à 50 HRC (AISI 4140/42CrMo4) avec un outil en PCBN en employant les vitesses de coupe élevées (300 et 400 m/min). Les résultats prouvent que l'UGV pour le tournage dur peut être acceptable pour l'application industrielle en fournissant une très bonne rugosité de surface et en gardant une significative durée de vie de l'outil. Une corrélation qualitative est également présentée entre l'usure en cratère et la distribution de la température à l'interface outil-copeau, déterminée par un modèle thermomécanique. L'usure en dépouille, l'usure en cratère et la rugosité de surface sont étudiées afin de choisir un critère approprié de l'usure. Les investigations par MEB/DEX et la légère interférométrie blanche accentuent l'importance de l'usure en cratère et nous aident à mieux comprendre le rôle des phénomènes de diffusion/chimique dans les mécanismes d'usure (Fig. I.16).

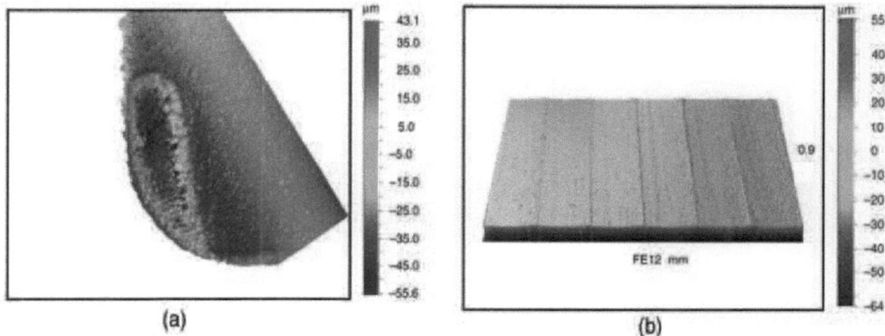

Fig. I.16. Topographies obtenues par l'interférométrie blanche légère, (a) sur la surface d'attaque de l'outil (Vc = 300 m/min, f = 0,1 mm/tr, ap = 1 mm, temps de coupe = 6,26 min) et (b) sur une surface usinée (R = 0,21 μm) [23]

Poulachon *et al* [24] ont usiné l'acier X38CrMoV5-1 traité à 54 HRC. Les auteurs ont remarqué que l'effet de la vitesse de coupe est prépondérant par rapport à l'avance. Ce qui signifie qu'il sera préférable de réduire la vitesse de coupe et augmenter l'avance pour améliorer la tenue de la plaquette utilisée sans pour autant modifier le taux d'enlèvement de la matière.

Gaitonde *et al* [25] ont étudié les caractéristiques de l'usinabilité de l'acier d'outil pour travail à froid à haute teneur en chrome AISI D2 en tournage avec les plaquettes en céramique (CC650, CC650WG et GC6050WH). Une tentative a été faite pour analyser les effets de la profondeur de passe et du temps d'usinage sur des aspects d'usinabilité tels que l'effort de coupe spécifique, la force d'usinage, la puissance, la rugosité de surface et l'usure de l'outil en utilisant les modèles mathématiques du deuxième degré. La planification des expériences a été faite par un plan factoriel complet (FFD). D'après l'analyse paramétrique, il s'est avéré que la plaquette CC650WG est plus performante en termes de la rugosité de surface et de l'usure de l'outil (Figs I.17 et I.18).

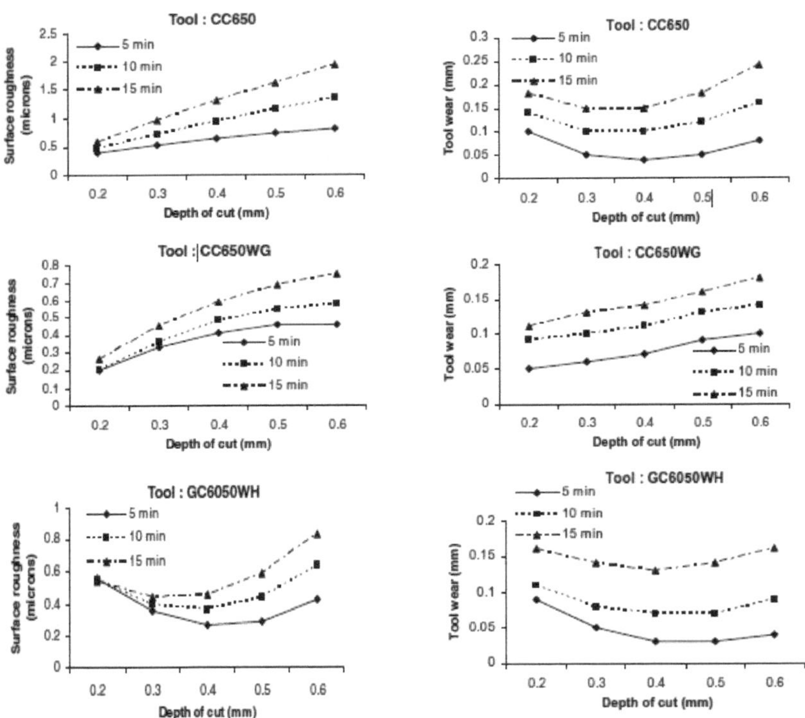

Fig. I.17. *Effet de la profondeur de passe et le temps d'usinage sur la rugosité [25]*

Fig. I.18. *Effet de la profondeur de passe et le temps d'usinage sur l'usure [25]*

Aouici *et al* **[26]** ont analysé l'évolution des efforts de coupe, des rugosités de surface et de la tenue de l'outil en tournage dur à sec de l'acier X38CrMoV5-1 traité à 50 HRC usiné par l'outil en CBN7020. Ils ont trouvé que l'augmentation de la vitesse de coupe de 45 à 125 m/min diminue les efforts de coupe (*Fr*, *Fv* et *Fa*) respectivement de (39; 34,19 et 37,91) %.

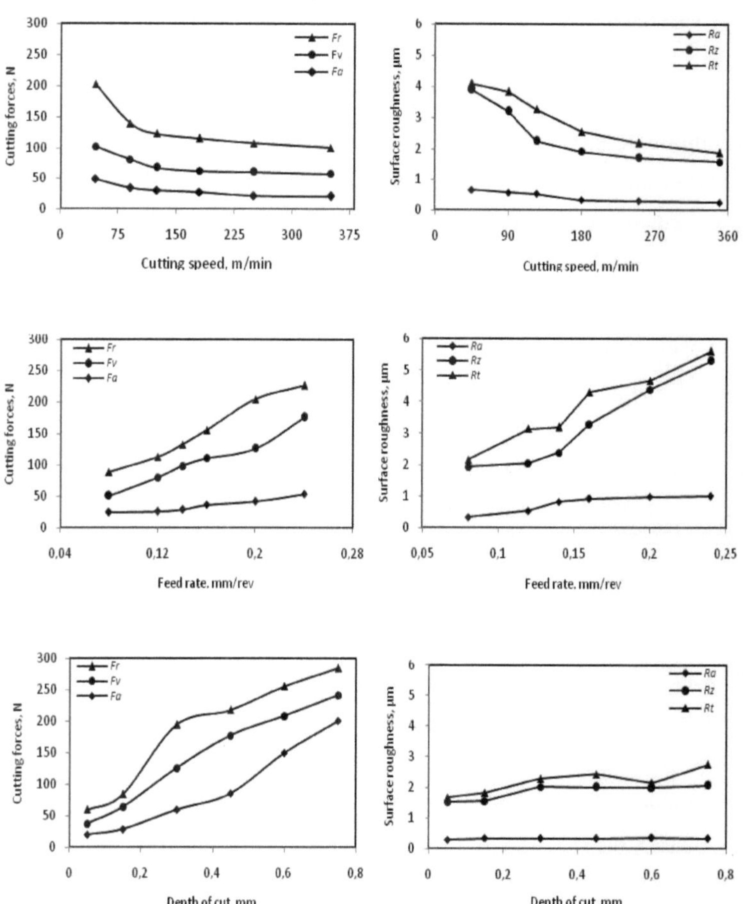

Fig. I.19. *Evolution des efforts de coupe et rugosités de surface en fonction du régime de coupe pour X38CrMoV5-1 traité à 50HRC usiné par le CBN7020* **[26]**

Alors que la variation de l'avance de 0,08 à 0,24 mm/tr accroît les composantes de l'effort de coupe (*Fr*, *Fv* et *Fa*) successivement de (156,24; 250,6 et 114,31) %. Ils ont noté que l'effort tangentiel est très affecté par l'avance. Pour une augmentation de la profondeur de passe de 0,05 à 0,75 mm, ils ont enregistré un accroissement respectif de *Fr*, *Fv* et *Fa* de (380,46; 559,20 et 915,15) %. Ils ont remarqué que l'effort axial est très sensible à la variation de la profondeur de passe. L'augmentation de la vitesse de coupe à 180 m/min améliore la qualité de la surface usinée. Les trios critères ((*Rt*, *Rz* et *Ra*) chutent de (37,73; 50,25 et 48,50) %. Au-delà de 180 m/min, les rugosités se stabilisent légèrement. Tandis que l'augmentation de l'avance dégrade l'état de la surface usinée. Lorsque l'avance varie de 0,08 à 0,24 mm/tr, Les trios critères (*Rt*, *Rz* et *Ra*) augmentent de (159; 173,71 et 197) %. Pour une profondeur de passe variant de 0,05 à 0,75 mm, Les trios critères (*Rt*, *Rz* et *Ra*) augmentent légèrement de (46,67; 35,30 et 13,79) %. Donc, l'effet de la profondeur de passe sur l'état de surface n'est pas vraiment important. La figure I.19 illustre l'évolution des efforts de coupe et de rugosités de la surface usinée en tournage dur à sec de l'acier X38CrMoV5-1 traité à 50 HRC usiné par le CBN7020.

L'évolution de la température dans la zone de coupe et la tenue du CBN7020 en tournage dur à sec de l'acier X38CrMoV5-1 durci à 50HRC a été investiguée par [26]. Pour un temps d'usinage de 25 secondes et lorsque la vitesse de coupe varie de 45 à 350 m/min, la température dans la zone de coupe augmente de 240,5%. Alors que la variation de l'avance de 0,08 à 0,24 mm/tr fait passer la température de 200,5 à 293,5°C. Cette augmentation ne représente que 46,38%. Mais la variation de la profondeur de passe de 0,05 à 0,70 mm, fait accroître la température dans la zone de coupe de 176%.

Les auteurs ont aussi évalué la durée de vie de l'outil CBN7020 en tournage dur à sec de l'acier X38CrMoV5-1 traité à 50 HRC pour le régime de coupe suivant: *Vc* = 120 à 240 m/min, *f* = 0,08 à 0,16 mm/tr, *ap* = 0,15 mm et une usure en dépouille admissible [*VB*] = 0,3 mm. Ils ont souligné que l'impact de la vitesse de coupe sur l'usure en dépouille est considérable. Ils ont mentionné que l'augmentation de la vitesse de coupe diminue la durée de vie de l'outil de 75,86% (figure I.20).

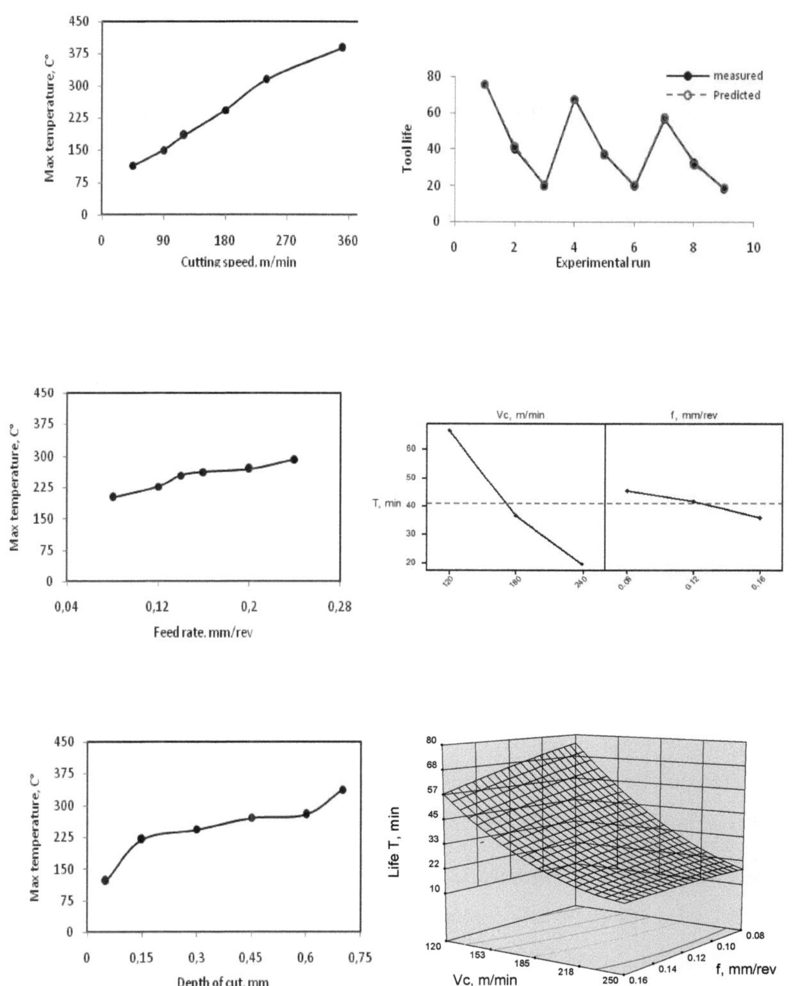

Fig. I.20.** Evolution de la température et la durée de vie du CBN 7020 en chariotage de l'acier X38CrMoV5-1 durci à 50 HRC **[26]

Dureja *et al* [27] ont étudié les mécanismes d'usure répandus pour un outil de céramique mixte revêtue de TiN à des différentes conditions d'usinage en tournage de l'acier pour travail à chaud AISI H11. L'usure par abrasion s'est produite à basse vitesse de coupe, à faible avance, et à dureté élevée de la pièce. Mais la formation de la couche protectrice et l'arête rapportée (BUE) sont les résultats des réactions tribo-chimiques entre les constituants de l'outil et le matériau de la pièce à la vitesse modérée. La haute température accompagnée d'une vitesse de coupe élevée ont eu comme conséquence le déplacement de la couche protectrice et ont supprimé la formation de l'arête rapportée. La particule dure du carbure du matériau de coupe à une avance plus élevée a sévèrement endommagé la dépouille de l'outil. Ils ont aussi observé des fragiles écaillages et des ruptures à la profondeur de passe petite et élevée. Les effets de la vitesse de coupe, de l'avance, de la profondeur de passe, et de la dureté de la pièce sur l'usure en dépouille de l'outil et le taux de cette dernière (VB µm/km) ont été également analysés.

Ghani *et al* **[28]** ont présenté les résultats sur la durée de vie de l'outil et du comportement à l'usure pour les outils de coupe avec une faible teneur en CBN lors du tournage dur de l'acier durci AISI H13. L'approche suivie dans ce travail a exigé des expérimentations et une modélisation thermique par éléments finis. Les expériences ont permis de mesurer les efforts de coupe, les températures et l'usure de l'outil. Ils ont calculé le flux de la chaleur sur l'outil. Ils ont trouvé que la quantité de la chaleur dissipée dans l'outil varie de 21 à 22% pour les vitesses conventionnelles, tandis que pour le tournage à grande vitesse, elle est de 14%. Cependant, l'usure de l'outil s'est avérée qu'elle peut être dominée par l'écaillage pour les deux vitesses de coupe et peut être réduite considérablement avec une réduction de la quantité de chaleur dans l'outil.

Paulo Davim & Figueira [29] ont étudié l'usinabilité de l'acier D2 pour le travail à froid avec les outils en céramique en utilisant des techniques statistiques lors du tournage dur. Les résultats indiquent qu'avec les paramètres de coupe appropriés, il est possible d'obtenir une rugosité $Ra < 0,8$ µm ce qui permet d'éliminer les opérations de rectification cylindrique.

Kumar *et al* **[30]** ont étudié l'évolution de l'usure et la durée de vie d'un outil en céramique mixte à base d'alumine lors de l'usinage d'un acier inoxydable martensitique durci à 60 HRC. Les auteurs ont élaboré des modèles de durée de vie de l'outil en fonction de l'usure. Ils ont conclu que l'usure en dépouille affecte la durée de vie de l'outil à des faibles vitesses de coupe, cependant, l'usure en cratère ou l'usure d'entaille affecte la durée de vie aux vitesses élevées, au-dessus de 200 m/min (fig. I.21).

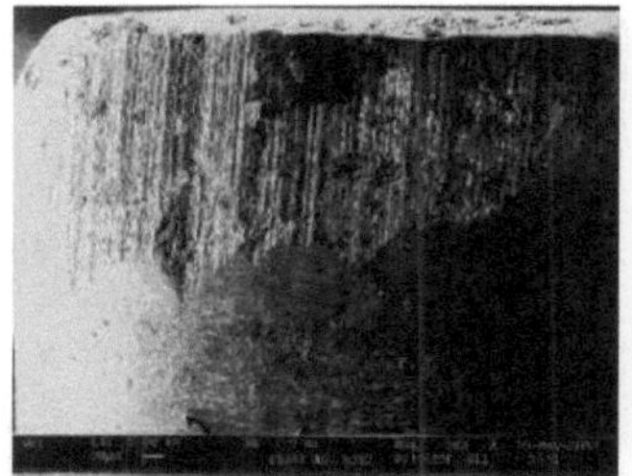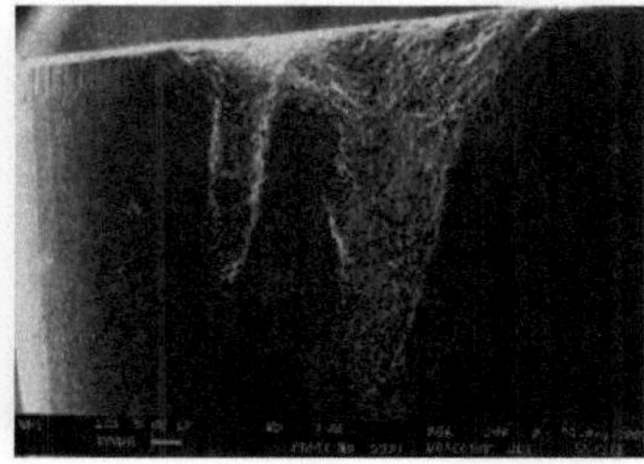

Fig. I.21. *Usure en dépouille d'une céramique mixte à base d'alumine lors l'usinage d'un acier inoxydable martensitique durci à 60 HRC [30]*

Lahiff *et al* [31] ont étudié les mécanismes d'usure pour les outils CBN. Ils ont conclu que l'usure de l'outil PCBN est complexe et aucun mécanisme simple ne fournit une explication complète. Les auteurs ont souligné également que l'usure en dépouille affecte l'état de surface, l'intégrité et la précision dimensionnelle de la pièce usinée. Tandis que l'usure en cratère influe sur la fiabilité du processus. Néanmoins, le mécanisme d'abrasion, dû aux particules de carbure dans la pièce et des grains de CBN, est le plus prépondérant pour l'outil de coupe en CBN.

Bouacha *et al* [32] ont présenté l'évolution de l'état des surfaces usinées et des efforts de coupe lors du tournage à sec de l'acier 100Cr6 (60 HRC) par le CBN en utilisant la méthodologie de surface de réponse. Ils ont conclu que la dureté de la pièce joue un rôle plus important que la vitesse de coupe sur la variation des efforts de coupe. La rugosité de surface est très affectée par l'avance alors que l'augmentation de la vitesse de coupe améliore la qualité de surface. Quant à la profondeur de passe, son effet est négligeable. Les auteurs ont proposé les conditions optimales suivantes : $Vc = 246$ m/min, $f = 0,08$ mm/tr et $ap = 0,15$ mm.

Le but des travaux effectués par **Yallese *et al* [8]** est l'évolution des efforts de coupe et des rugosités en tournage dur à sec de l'acier 100Cr6 traité à 60 HRC usiné par le CBN7020 (figure I.22). Ils ont signalé qu'une augmentation de la vitesse de coupe conduit à une diminution des composantes de l'effort de coupe et à une amélioration de l'état de surface. Alors que l'augmentation de la profondeur de passe et de l'avance, accroît les composantes de l'effort de coupe (*Fr*, *Fa* et *Fv*).

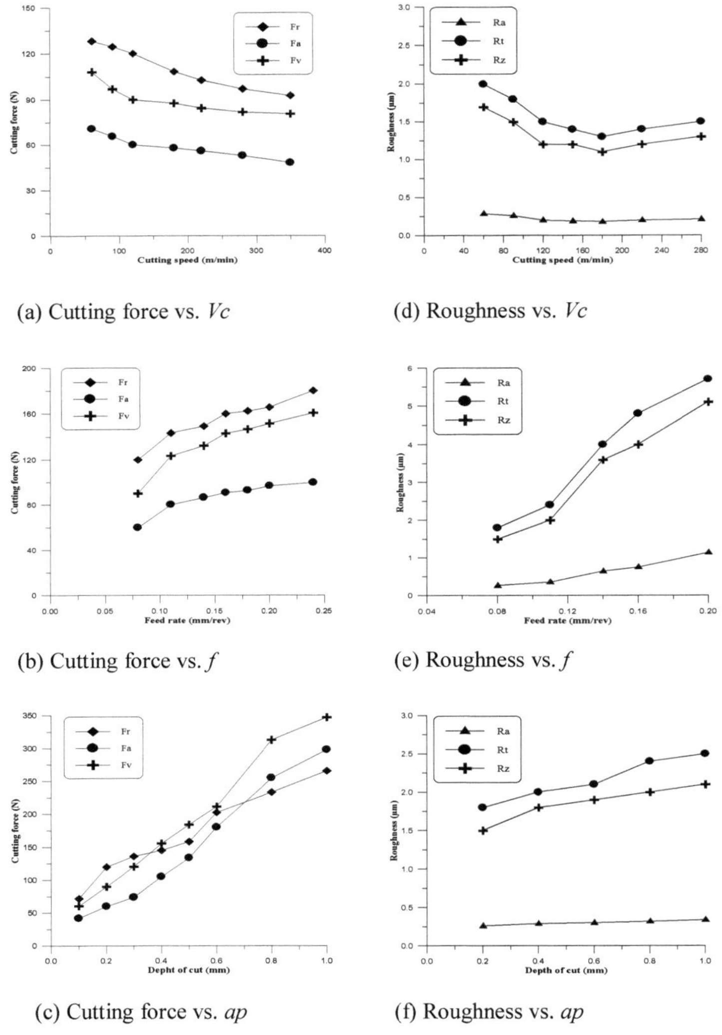

(a) Cutting force vs. *Vc*   (d) Roughness vs. *Vc*

(b) Cutting force vs. *f*   (e) Roughness vs. *f*

(c) Cutting force vs. *ap*   (f) Roughness vs. *ap*

***Fig. I.22.** Evolution des efforts de coupe et des rugosités [8]*

Yallese [33] a étudié l'évolution de la température de coupe en fonction du temps d'usinage et de la vitesse de coupe en tournage de l'acier 100Cr6 traité à 60 HRC et usiné par le CBN7020. Il a remarqué qu'à la vitesse de coupe de 90 m/min, les températures maximales enregistrées sont de 574°C sur le copeau, 95°C sur l'outil et 46°C sur la pièce pour une durée de coupe de 8 minutes. A 180 m/min, les températures maximales enregistrées sont de 620°C sur le copeau, 80°C sur l'outil et 45°C sur la pièce pour une durée de coupe de 4 minutes (figure I.23). A 220 m/min, les sollicitations thermomécaniques augmentent ce qui manifeste par une élévation de la température sur le copeau de 870°C, 110°C sur l'outil et 55°C sur la pièce au voisinage de la zone de coupe et pour un temps d'usinage de 2 minutes. L'auteur a réalisé une série de dix expériences en vue de cerner l'effet de l'usure de l'outil CBN7020 sur la rugosité des surfaces usinées de l'acier 100Cr6 pour une avance de 0,08 mm/tr, une profondeur de passe de 0,5 mm et des vitesses de coupe de 90 à 180 m/min. Il a noté que lorsque l'usure en dépouille *VB* est inférieure à 0,3 mm, les courbes des trois critères de rugosité (*Ra, Rt* et *Rz*) présentent une faible pente de croissance. Dès que l'usure en dépouille dépasse sa valeur admissible, les valeurs de rugosité augmentent sensiblement et leurs pentes deviennent considérables. Ses résultats démontrent aussi que le choix du critère d'usure admissible 0,3 mm est bien adapté pour décrire d'une manière appropriée la durée de vie de l'outil. La qualité de surface correspondante à cet état est décrite par des rugosités acceptables avec *Rt* < 3,5 µm. L'usure en dépouille est un facteur crucial qu'il faut considérer parce que son évolution endommage et dégrade l'état de surface des pièces. Malgré l'évolution de l'usure en dépouille jusqu'à sa valeur admissible de 0,3 mm, les valeurs enregistrées de *Ra* n'ont pas dépassé 1µm. Le suivi de l'évolution de la rugosité en fonction de l'usure des plaquettes de coupe permet de donner des informations sur l'état de l'arête de coupe durant l'usinage. Ces informations sont très utiles pour la surveillance automatisée du processus de coupe dans l'industrie.

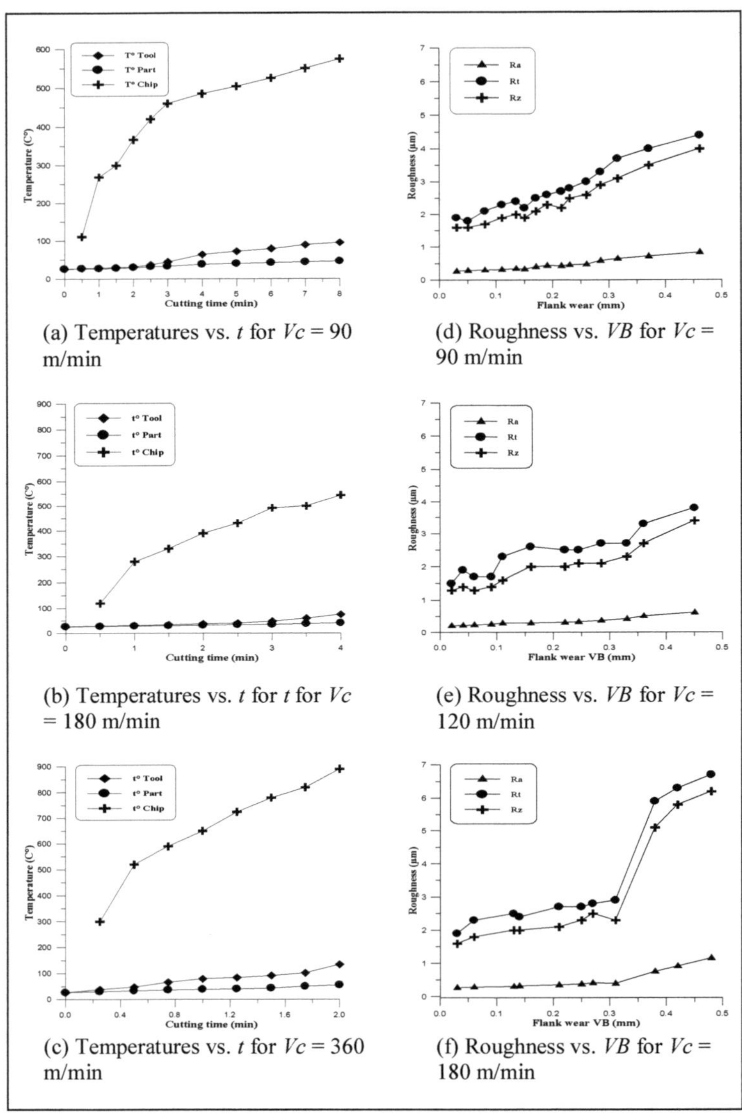

(a) Temperatures vs. *t* for *Vc* = 90 m/min

(d) Roughness vs. *VB* for *Vc* = 90 m/min

(b) Temperatures vs. *t* for *t* for *Vc* = 180 m/min

(e) Roughness vs. *VB* for *Vc* = 120 m/min

(c) Temperatures vs. *t* for *Vc* = 360 m/min

(f) Roughness vs. *VB* for *Vc* = 180 m/min

***Fig. I.23.** Evolution des températures de coupe et des rugosités [33]*

Aouici *et al* **[34]** ont fait une étude expérimentale sur l'effet de la vitesse de coupe, l'avance, la dureté de la pièce et la profondeur de coupe sur la rugosité de surface et les composantes de l'effort de coupe lors du tournage dur. L'acier choisi pour l'étude est l'acier AISI H11 avec différentes duretés (40, 45 et 50) HRC, usiné à l'aide d'un outil en nitrure de bore cubique (CBN 7020 de la société Sandvik) qui est constitué essentiellement de 57% et 35% CBN TiCN. Les auteurs ont choisi un plan d'expérience de 29 essais (Box–Behnken (BBDs)), composé de quatre facteurs (vitesse de coupe, avance, dureté et profondeur de passe) à trois niveaux. Le traitement statistique des résultats basé sur l'analyse de la variance (ANOVA) et la méthodologie des surfaces de réponse (RSM) a permis de proposer des modèles mathématiques de la rugosité de surface et des composantes de l'effort de coupe.

Les résultats trouvés montrent que les composantes de l'effort de coupe sont influencées principalement par la profondeur de coupe et la dureté de la pièce. D'autre part, l'avance et la dureté de la pièce ont un impact significatif sur la rugosité de surface. En dernier lieu les auteurs ont proposé une optimisation des conditions de coupe pour une production industrielle de série.

Les trois modèles mathématiques des efforts de coupe et des rugosités proposés par **[34]** sont:

$$Ra = -9,872 - 0,0106Vc + 2,758f + 0,4908ap + 0,496H + 0,0334Vc \times f$$
$$+ 1,111 \times 10^{-3}Vc \times ap + 2,416 \times 10^{-4}Vc \times H + 14,583f \times ap - 0,337f \times H$$
$$- 0,01334ap \times H - 1,143 \times 10^{-5}Vc^2 + 20,364f^2 - 2,829ap^2 - 5,596H^2$$

$$Fr = 5421,406 - 4,194Vc + 2737,7f + 1922,746ap - 249,924H - 1,945Vc \times f$$
$$- 1,642Vc \times ap + 0,0365Vc \times H - 2047,916f \times ap - 46,225f \times H$$
$$- 25,28ap \times H + 8,676 \times 10^{-3}Vc^2 + 4534,32f^2 - 22,559ap^2 + 2,961H^2$$

$$Fv = 1963,62 + 0,426Vc + 1952,79f + 1952,79ap - 109,311H - 2,609Vc \times f$$
$$- 5,116Vc \times ap - 0,0247Vc \times H + 1645,833f \times ap + 29,487f \times H - 19,37ap \times H$$
$$+ 6,877 \times 10^{-3}Vc^2 - 4313,07f^2 - 14,374ap^2 + 1,382H^2$$

Bouchelaghem *et al* **[35]** ont analysé l'usinabilité de l'acier AISI D3 (60 HRC) par le CBN. Ils ont déduit qu'à une vitesse de coupe supérieure à 240 m/min, la durée de vie de l'outil diminue considérablement. Le chariotage effectué à $Vc = 115$ m/min et pour un temps d'usinage de 32,5 minutes conduit à une usure en dépouille de 0,42 mm et à une augmentation des efforts de coupe de 126% pour Fy, 66% pour Fa et 84% pour Ft.

Le but des travaux faits par **Aouici *et al* [36]** est d'évaluer l'usinabilité de l'acier AISI H11 (50 HRC) par le CBN7020. Ils ont trouvé que l'usure en dépouille est influencée principalement par le temps d'usinage, la vitesse de coupe et l'effet d'interaction de la vitesse de coupe / temps d'usinage avec une contribution de 51,47% ; 32,35% et 10,52% respectivement. Les gammes des meilleures conditions de coupe adaptées, sont: $Vc = (146{,}51$ à $153{,}12)$ m/min, $f = (0{,}08$ à $0{,}09)$ mm/tr et $t = (7$ à $8)$ min.

L'étude des différents articles présentés dans cette partie montre que le tournage dur est un procédé prometteur et il intéresse les entreprises types PME-PMI par son investissement très rentable.

I.10. Conclusion

D'après l'état de l'art réalisé dans ce chapitre, l'usinage des métaux à l'état durci est un sujet d'étude très intéressant pour plusieurs raisons telles que : la rugosité de surface obtenue par le tournage dur qui est semblable à celle de la rectification et la productivité en termes de gain de temps d'usinage qui est garantie par rapport au procédé d'usinage conventionnel. La substitution de la rectification (procédé polluant) par le tournage dur permet de protéger l'environnement. La bibliographie éditée dans ce domaine et réalisée dans la dernière décennie, renferme des informations importantes concernant cette technique.

L'usure des matériaux de coupe représente l'un des points principaux investigué dans cette étude. En effet, dans le cas de l'usinage des métaux durs, l'usure des outils arrive en premier plan car elle influe directement sur l'intégrité de surface (la rugosité), sur la précision recherchée et sur la tenue de l'outil. Nous avons souligné ensuite le rôle des effets thermiques dans la zone de coupe, sur le processus de dégradation des outils de coupe et par suite la nécessite d'évaluer le champ thermique régnant dans celle-ci. Le prochain chapitre présente l'ensemble des équipements utilisés pour la réalisation des expériences ainsi que la démarche à poursuivre pour la planification des essais.

Chapitre II

Méthodologie des essais

II.1. Introduction

II.2. Matériels utilisés

II.2.1. Machine-outil

II.2.2. Pièces à usiner

II.2.3. Traitements thermiques des éprouvettes

II.2.4. Plaquettes de coupe

II.2.5. Porte-outils

II.2.6. Mesure des efforts de coupe

II.2.7. Mesure de la rugosité des surfaces

II.2.8. Mesure de la température

II.2.9. Mesure de l'usure

II.3. Régime de coupe

II.4. Planification des expériences

II.5. Conclusion

II.1. Introduction

Dans ce chapitre, nous présentons les différents matériels utilisés, le banc d'essai, les éprouvettes et les régimes de coupe retenus pour la réalisation de notre travail. Toutes les opérations de chariotage faites sur l'acier X38CrMoV 5-1 ont été effectuées au hall de technologie (laboratoire de coupe des métaux et Laboratoire de Mécanique et Structures-LMS-) du département de génie mécanique [Université 8 Mai 1945 de Guelma].

II.2. Matériels utilisés

II.2.1. Machine-outil

L'usinage a été effectué sur un tour parallèle de la société tchèque «TOS TRENCIN», modèle SN 40 C de puissance sur la broche égale à 6,6 KW (Fig. II.1). Cette machine outil dispose des fréquences de rotation variant de 45 à 2000 tr/min et des avances de 0,08 à 6,4 mm/tr.

***Fig. II.1.** Tour parallèle SN 40 C*

II.2.2. Pièces à usiner

Elles sont en acier fortement allié travaillant à chaud de nuance X38CrMoV5-1. Cet acier possède une excellente résistance aux chocs thermiques du fait de la présence du chrome, du molybdène et du vanadium.

Le chrome augmente la trempabilité de l'acier, diminue le grossissement du grain lors de l'austénitisation, retarde l'adoucissement lors du revenu et contribue à la réduction de l'oxydation à haute température. Il forme également des carbures qui contribuent à la résistance à l'abrasion.

Le molybdène confère à l'acier une très bonne résistance à l'usure à chaud via la présence de carbures très durs de 1500 (M6C) à 2000 HV (M2C), et ralentit l'adoucissement.

Le vanadium permet de générer des carbures de très haute dureté (MC 3000 HV). De petites additions supérieures à 0,2% en masse sont très efficaces pour éviter le grossissement du grain lors du traitement thermique. Dans les aciers à outils, il est très utilisé avec le chrome, le molybdène et le tungstène. Sa mauvaise résistance à l'oxydation au-delà de 600°C est compensée par la présence de chrome. Par ailleurs, la teneur en carbone de l'acier est étroitement liée à la teneur en vanadium.

Cette dernière se trouve limitée par des problèmes de trempabilité, de forgeabilité après trempe et revenu.

Le silicium, avec une teneur voisine de 1% en masse, est utilisé comme désoxydant dans l'acier liquide au stade final de l'élaboration entraîne une augmentation de la limite élastique, de la résistance à l'oxydation au-delà de 1000°C et de la trempabilité par effet de synergie avec d'autres éléments d'alliage comme le molybdène. Il permet aussi de diminuer la stabilité des carbures M2C, ce qui diminue la fragilité du métal.

Cet aspect est particulièrement important dans le cadre du forgeage à chaud. Cet acier doit posséder, malgré sa structure martensitique revenue, une bonne trempabilité et il se caractérise par une dureté à température ambiante relativement élevée, comprise entre 40 et 56 HRC, et par une bonne dureté à chaud. Sa propriété essentielle est d'avoir un bon niveau de résistance à l'adoucissement qui lui permet d'être utilisé à une température de travail d'environ 600-650°C.

Outre les caractéristiques citées, cet acier montre une excellente résistance à la fatigue thermique, sa ténacité, sa résistance à haute température et son aptitude au polissage, lui permettent de répondre aux sollicitations les plus sévères dans les domaines suivants : matriçage à chaud, moules à coulée sous pression, filage à chaud, lames de cisaille à chaud, lames de rotor d'hélicoptère et matrice de module de porte pour automobile **[37]** et **[38]**. Le tableau II.1 présente l'outil et les dimensions de chaque pièce usinée pour les essais de longue durée relatifs à l'usure à deux vitesses de coupe différentes.

	Vc = 120 m/min		Vc = 90 m/min	
Outil de coupe	Longueur usinée, mm	Diamètre de l'éprouvette, mm	Longueur usinée, mm	Diamètre de l'éprouvette, mm
CC650	270	75	270	72
GC3015	145	75	145	72
CC670	142	75	142	72
H13A	30	75	/	/
CT5015	20	75	/	/
GC1525	20	75	/	/

Tableau 1. Dimensions des pièces usinées

Pour mieux caractériser notre matériau, nous avons réalisé une analyse de la composition chimique au complexe sidérurgique d'El-Hadjar. Cette analyse a été confirmée par les laboratoires du CPG d'Ain-Smara. La composition chimique réelle de l'acier X38CrMoV5-1 est comme suit :

0,35% de carbone ;

5,26% de chrome ;

1,19% de molybdène ;

0,5% de vanadium ;

1,01% de silicium ;

0,32% de manganèse ;

0,002% de soufre ;

0,016% de phosphore ;

1,042% d'autres éléments et 90,31% de fer.

II.2.3. Traitements thermiques des éprouvettes

Avant d'entamer les opérations d'usinage, les éprouvettes ont subi une trempe à 1020°C (temps de maintien dans le four électrique est de 40 minutes) suivie d'un revenu à 580°C. Ce qui a augmenté la dureté des éprouvettes à 50 HRC. Il est à noter que la dureté de ces éprouvettes avant traitement était de 26 HRC.

Les opérations de traitement thermique des éprouvettes sont représentées dans la fig. II.2 ((a), (b) et (c)).

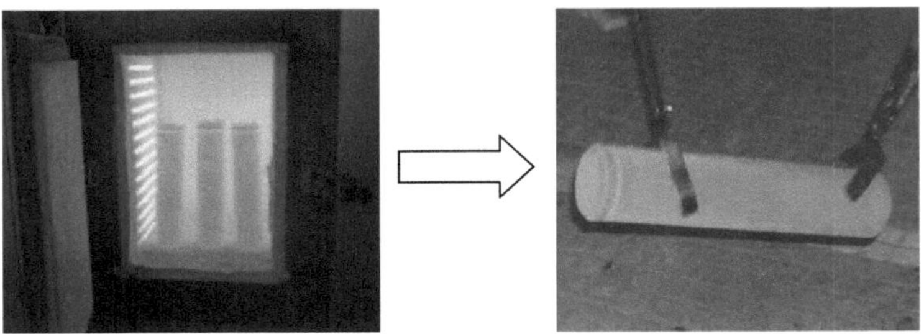

(a) Chauffage des éprouvettes

(b) Transport de la pièce

Fig. II.2. *((a), (b) et (c)) Opérations de traitement thermique*

La microstructure X38CrMoV5-1 [AISI H11] trempé revenu est donc obtenue à l'issue de plusieurs traitements thermiques et elle est étroitement liée à ces derniers. Les figures II.3 et II.4 exposent respectivement le diagramme de revenu de cet acier et la structure martensitique revenue sous forme de lattes.

(c) Trempe à l'huile

Cette morphologie est conservée mais les phases cristallographiques austénitique (CFC) et martensitique (QC) ont disparu **[38]**.

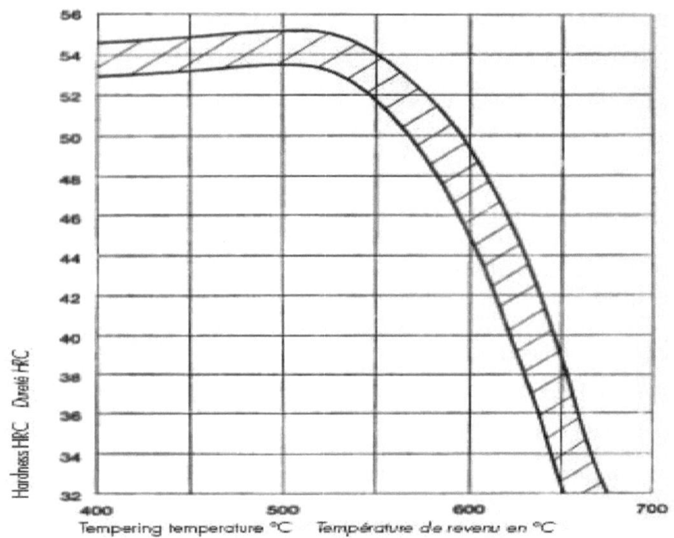

Fig. II.3. *Digramme de revenu relatif à l'acier X38CrMoV5-1* **[38]**

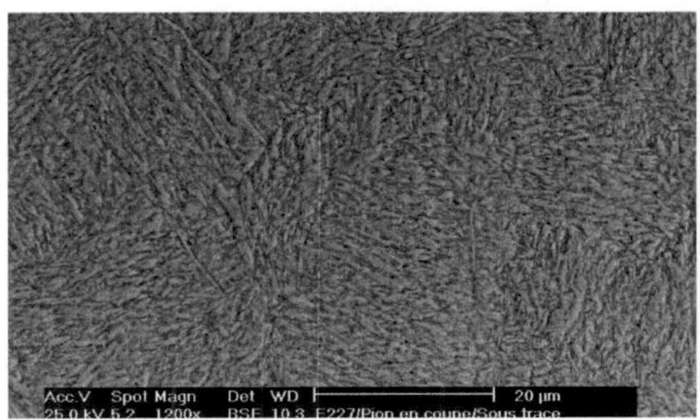

Fig. II.4. *Structure martensitique revenue en lattes* **[38]**

Pour mesurer la dureté des éprouvettes avant et après traitement thermique, nous avons utilisé un duromètre digital type DM2D dont les caractéristiques sont les suivantes :

son poids = 40 Kgf, sa hauteur = 490 mm,

sa largeur = 250 mm et sa profondeur = 395 mm.

La table sur laquelle se pose l'échantillon est de forme carrée de côté 110 mm.

Les charges utilisées sont : (10; 25; 50; 100; 200; 300; 500; 1000) gf.

La hauteur max de l'échantillon ne doit pas dépasser 90mm.

La mesure s'effectue en HV et sera convertie en HRC.

L'intervalle de la dureté est de 211 à 1037 HV (17 à 70 HRC).

Le temps de chargement est de (0 à 99) secondes.

La figure II.5 présente le duromètre digital DM2D retenu pour la mesure de la dureté des éprouvettes avant et après traitements thermiques.

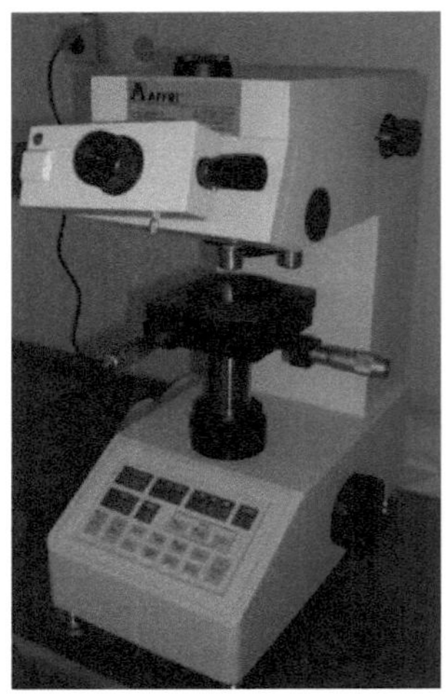

Fig. II.5. *Duromètre digital DM2D*

II.2.4. Plaquettes de coupe

Toutes les opérations d'usinage ont été faites par les six plaquettes (Sandvik Coromant). Ces dernières sont amovibles, de forme carrée et chacune d'elles possède huit arêtes de coupe. Elles se fixent mécaniquement soit par bride de serrage pour plaquette sans trou soit par levier pour plaquette avec trou. La figure II.6 illustre les six plaquettes de coupe.

Fig. II.6. *Plaquettes de coupe utilisées*

Les informations relatives aux plaquettes sont mentionnées dans le tableau II.2.

Désignation du matériau de coupe	Géométrie	Composition chimique
Carbure non revêtu H13A	SNMG 120408-MR	Carbure de tungstène
Cermet non revêtu CT5015	SNMG 120408-QF	Carbure à base de titane
Carbure revêtu GC3015	SNMA 120408-KR	Revêt. CVD $TiCN-Al_2O_3$- et TiN
Cermet revêtu GC1525	SNMG 120408-PF	Revêt. PVD TiCN et TiN
Céramique mixte CC 650	SNGA 120408 T 010 20	Al_2O_3 (70%)+TiC (30%)
Céramique composite CC670	SNGN 120408 T 010 20	Al_2O_3 (75%)+SiC (25%)

Tableau II.2. Informations relatives aux plaquettes utilisées

Descriptif de la plaquette SNGA 120408 T 010 20

S : désigne la forme de la plaquette (forme carrée)

N : désigne l'angle de dépouille de la plaquette ($\alpha = 0°$)

G : désigne la classe de tolérance

 A : désigne le type de la plaquette

12 : désigne la longueur de l'arête de coupe (12 mm)

04 : désigne l'épaisseur de la plaquette (4 mm)

08 : désigne le rayon de bec de la plaquette (0,8 mm)

T : arête de coupe chanfreinée

010 : désigne la largeur du chanfrein (0,10 mm)

20 : angle de chanfrein (20°)

II.2.5. Porte-outils

Pour la réalisation des essais, nous avons utilisé deux porte-outils sur lesquels se fixent les plaquettes mécaniquement soit par bride de serrage pour plaquette sans trou soit par levier pour plaquette avec trou. Ces porte-outils sont de désignation CSBNR 2525 M12 et PSBNR 2525 M12. Leur géométrie de la partie active est caractérisée par les angles suivants : $\alpha = 6°$, $\gamma = -6°$, $\chi = 75°$ et $\lambda = -6°$.

La figure II.7 présente les porte-outils utilisés.

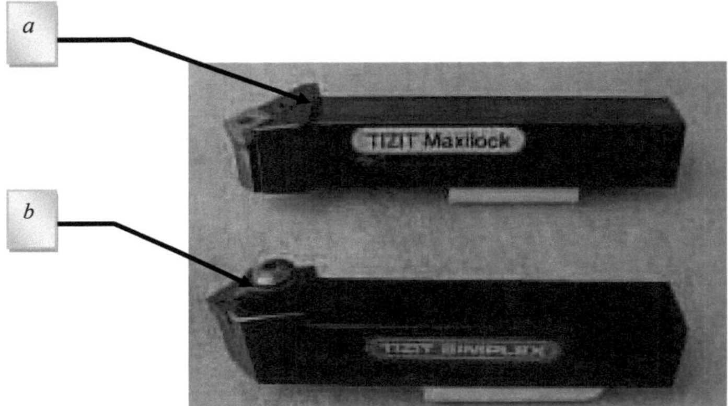

***Fig. II.7.** Porte-outils utilisés (a) par trou central; (b) par bride*

Descriptif du porte-outil PSBNR 2525 M12

P : désigne le système de fixation de la plaquette sur le corps du porte-outil (par trou central)

S : désigne la forme carrée du logement de la plaquette

B : désigne l'angle de direction principal ($\chi = 75°$)

N : désigne l'angle de dépouille de la plaquette ($\alpha = 0°$)

R : désigne la direction de la coupe (à droite)

25 : désigne la hauteur du manche (25 mm)

25 : désigne la largeur du manche (25 mm)

M : désigne la longueur totale du manche (150 mm)

12 : désigne la longueur de l'arête de coupe (12 mm)

II.2.6. Mesure des efforts de coupe

La mesure des trois composantes de l'effort de coupe s'est effectuée à l'aide d'un dynamomètre Kistler.

La figure II.8 illustre le montage du dynamomètre sur le chariot du tour.

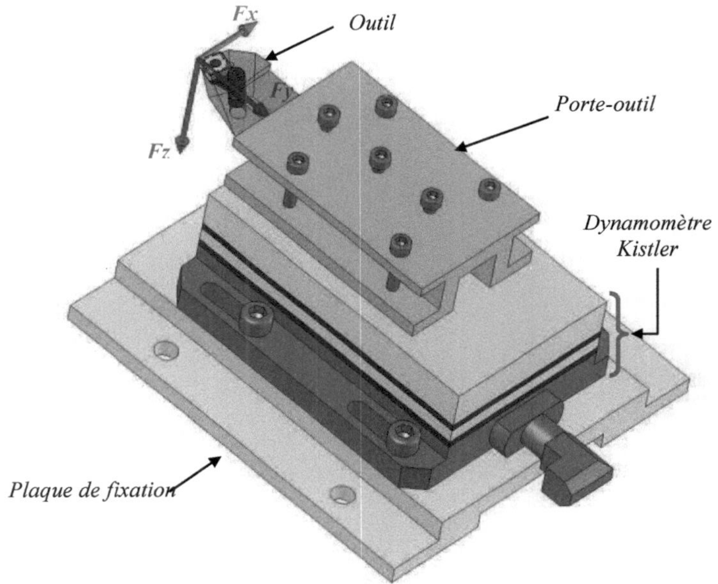

Fig. II.8. *Montage du dynamomètre sur le chariot du tour*

Ce dispositif comporte plusieurs éléments dont on en cite : la plateforme, l'amplificateur de signaux, le PC avec le logiciel et enfin une imprimante pour tracer les courbes. Le principe de la mesure est basé sur le phénomène piézo-électrique.

Lors du tournage, le mouvement de rotation est généralement attribué à la pièce, par contre l'outil est fixe. Ce dernier est monté sur la plateforme, appelée aussi table, qui elle-même est fixée sur le chariot transversal de la machine outil. La plateforme est constituée de quatre capteurs en quartz.

Les forces qui agissent sur cette plaque lors de la coupe sont converties en charges électriques. Ces dernières sont alors amplifiées par l'amplificateur des signaux. Ces signaux amplifiés sont ensuite acquis par le PC grâce à la carte d'acquisition installée spécialement sur l'unité centrale de ce dernier.

Un logiciel (Dynoware) analyse et traite ces signaux et la force produite lors du processus du tournage est alors directement exprimée en trois composantes :

1. force axiale : *Fa (F_x)*.

2. force radiale : *Fr (F_y)*.

3. force tangentielle : *Ft (F_v ou F_z)*.

La figure II.9 présente le capteur d'effort de coupe Kistler

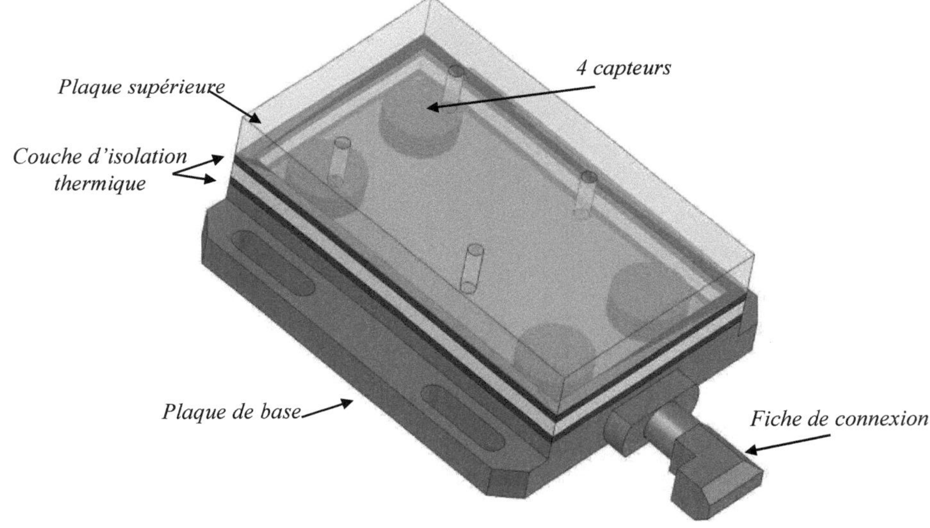

Fig. II.9. *Capteur d'effort de coupe* **Kistler**

Le dynamomètre est à 3 composantes (9257 B) : le porte-outil type 9403 vissable est employé pour des outils de tournage avec une section carrée maximale ayant un côté de 26 mm.

Ses principales caractéristiques sont :

- grande rigidité, fréquence propre très élevée ;

- large gamme de mesure ;

- bonne linéarité, sans hystérésis ;

- faible interaction (<1%) ;

- utilisation simple (prêt à l'emploi) ;

- construction compacte ;

- résistant au lubrifiant selon mode de protection IP 67 ;

- câble spécial à haute isolation de la connexion entre le dynamomètre et l'amplificateur (5 m de longueur, 8 mm de diamètre).

La figure II.10 illustre la chaîne de mesure des efforts de coupe.

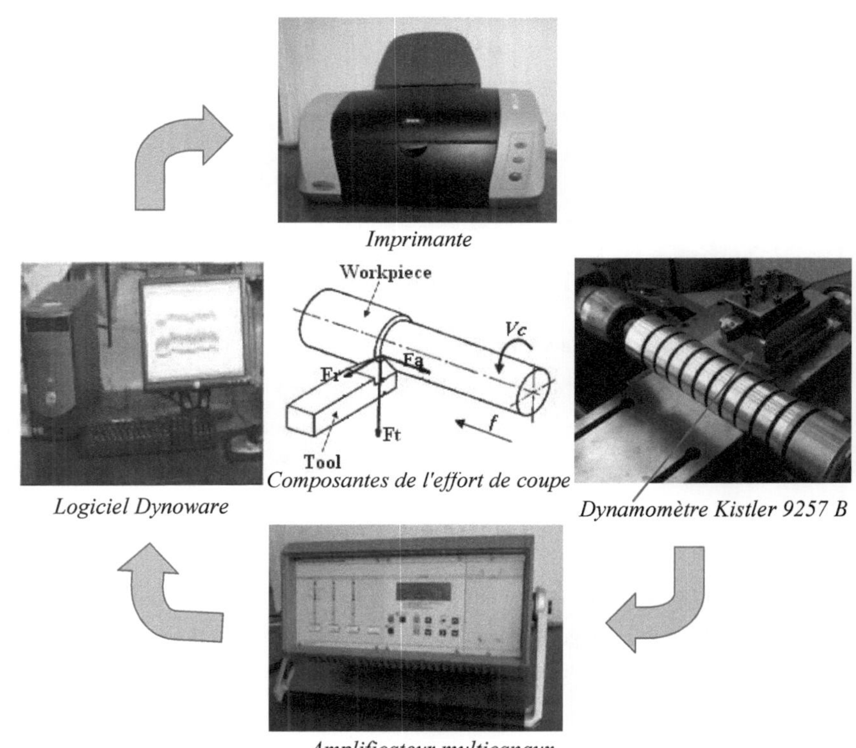

Fig. II.10. *Chaîne de mesure des efforts de coupe*

59

II.2.7. Mesure de la rugosité des surfaces

Les valeurs des trois critères de rugosité (*Ra, Rt* et *Rz*) ont été mesurées à l'aide d'un rugosimètre 2D Surftest SJ-201 (Mitutoyo). Cet appareil est constitué d'une pointe en diamant (palpeur), avec un rayon de pointe de 5 µm se déplaçant linéairement sur la surface mesurée. Afin d'éviter les erreurs de reprise et pour plus de précision, la mesure de la rugosité a été réalisée directement sur la machine et sans démontage de la pièce. La figure II.11 montre la méthode de mesure des trois critères de rugosité.

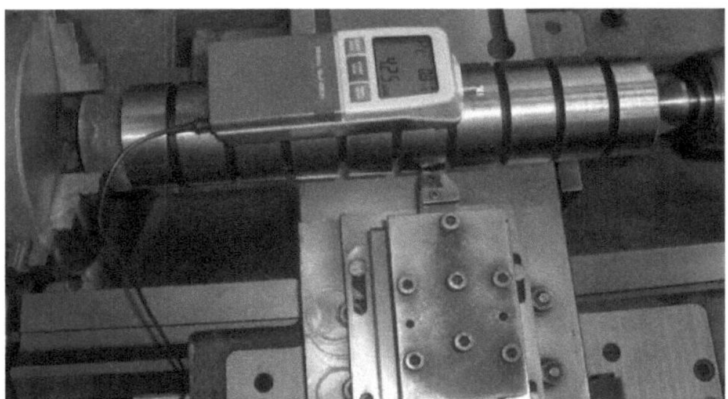

Fig. II.11. Dispositif pour mesurer la rugosité sans démonter la pièce

II.2.8. Mesure de la température

Le pyromètre à infrarouge modèle Raynger 3I (Fig. II.12) a été utilisé pour mesurer à distance les températures maximales dans la zone de coupe. Il concentre l'énergie infrarouge rayonnant de la cible et calcule sa température de surface. Il calcule également les températures (moyenne, maximale et minimale) qui seront affichées sur l'écran digital en degré Celsius ou Fahrenheit.

Une sortie analogique/digitale permet le transfert des données enregistrées. Le pyromètre à infrarouge Raynger 3I présente les caractéristiques suivantes :

- étendue de mesure -30 à 1200°C ;

- étendue spectrale 8 à 14 µ ;

- résolution optique 75 : 1 ;

- émissivité 0,10 à 1,00 par pas de 0,01 (0,95 par défaut) ;

- visée laser double ;

- temps de réponse 700 msec.

Fig. II.12. Pyromètre à infrarouge modèle Raynger 3I

II.2.9. Mesure de l'usure

Afin de caractériser l'usure en dépouille (*VB*) des différents matériaux de coupe étudiés, nous avons utilisé un microscope du type HUND (W-AD). La mesure s'effectue en plaçant la plaquette de coupe sous l'objectif du microscope sur une table micrométrique à mouvements croisés et à affichage digital, avec une précision de 0,001 mm. La ligne de référence de mesure est l'arête tranchante principale de la plaquette que l'on coïncide avec une référence située sur l'oculaire du microscope puis, on déplace la plaquette de coupe à l'aide des jauges micrométriques jusqu'à la valeur limite supérieure de la bande d'usure *VB*. Après chaque séquence de travail, la plaquette de coupe est démontée du porte-outil, puis nettoyée et enfin placée sur la table du microscope pour mesurer les différentes grandeurs de l'usure (Fig. II.13).

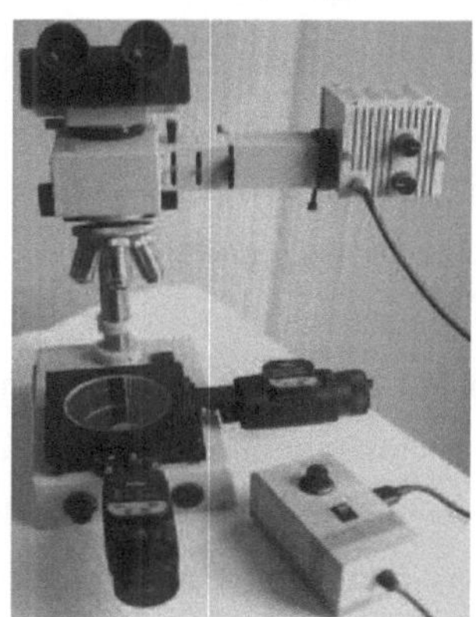

Fig. II.13. Microscope optique HUND W-AD

II.3. Régime de coupe

Pour la réalisation des essais de longue durée, nous avons choisi le régime de coupe suivant : Vc = 90 ; 120 et 180 m/min, f = 0,08 et 0,16 mm/tr et ap = 0,15 mm. Quant à l'évolution de la température, nous avons opté pour les conditions suivantes : Vc = 45 à 500 m/min, f = 0,08 à 0,24 mm/tr et ap = 0,1 à 0,6 mm. Les vingt sept essais de courte durée (longueur chariotée égale à 18 mm) relatifs à l'usinage par les plaquettes en céramiques (mixte et composite) ont été effectués selon les conditions suivantes : Vc = 90 ; 120 et 180 m/min, f = 0,08 ; 0,12 et 0,16 mm/tr et ap = 0,15 ; 0,3 et 0,45 mm (plan 3^3). Quant aux essais de courte durée relatifs au chariotage par le carbure revêtu GC3015 (plan de Taguchi), le régime de coupe est le suivant : Vc = 50 et 100 m/min, f = 0,08 et 0,16 mm/tr et ap = 0,15 et 0,45 mm (plan de neuf essais : table orthogonale L_9 = 9).

II.4. Planification des expériences

Les essais ont été réalisés suivant les deux méthodes de planification suivantes : la méthode unifactorielle et la méthode multifactorielle. Cette dernière permet d'organiser et d'exécuter les expériences d'une manière optimale afin d'obtenir des modèles mathématiques de simulation des procédés des systèmes complexes. Ces modèles sont développés en utilisant uniquement les paramètres importants qui influencent le processus de coupe plutôt que d'inclure tous les paramètres. Afin d'atteindre cet objectif, l'analyse statistique des résultats expérimentaux a été faite à l'aide des logiciels Minitab15 et Design-Expert. Ces derniers sont caractérisés par l'analyse de variance (ANOVA), la méthodologie de surface de réponse (RSM) et l'analyse de régression. Cette technique de calcul permet d'estimer la contribution relative de chacun des facteurs de contrôle sur la réponse globale mesurée pour l'optimiser.

Dans notre étude, nous avons considéré l'influence de trois facteurs de base (Vc, f, ap) sur les diverses fonctions d'optimisation (efforts de coupe et rugosité). Pour déterminer le nombre d'essais nécessaires, nous appliquons la formule suivante :

$$N = q^k \dots\dots\dots\dots\dots\dots\dots\dots\dots\dots\dots\dots\dots\dots\dots\dots\dots\dots\dots (1)$$

Où ; N : nombre d'essais ;

q : nombre de niveaux de variation des facteurs de base ;

k : nombre de facteurs de base.

Dans notre cas, nous avons pris trois facteurs de base ($k = 3$) et chaque facteur évolue à trois niveaux de variation (un niveau inférieur (-1), un niveau moyen (0) et un niveau supérieur (+1)). Nous avons alors : $N = 3^3 = 27$.

Les essais ont été numérotés de 1 à 27. Le tableau II.3 présente le plan général des expériences effectuées. La première colonne (C1) correspond à la vitesse de coupe Vc, la deuxième colonne (C2) à l'avance f et la cinquième colonne (C5) à la profondeur de passe ap. Les colonnes restantes correspondent aux différentes interactions.

Test	C1	C2	C3	C4	C5	C6	C7	C8	C9	C10	C11	C12	C13
1	-1	-1	-1	-1	-1	-1	-1	-1	-1	-1	-1	-1	-1
2	-1	-1	-1	-1	0	0	0	0	0	0	0	0	0
3	-1	-1	-1	-1	+1	+1	+1	+1	+1	+1	+1	+1	+1
4	-1	0	0	0	-1	-1	-1	0	0	0	+1	+1	+1
5	-1	0	0	0	0	0	0	+1	+1	+1	-1	-1	-1
6	-1	0	0	0	+1	+1	+1	-1	-1	-1	0	0	0
7	-1	+1	+1	+1	-1	-1	-1	+1	+1	+1	0	0	0
8	-1	+1	+1	+1	0	0	0	-1	-1	-1	+1	+1	+1
9	-1	+1	+1	+1	+1	+1	+1	0	0	0	-1	-1	-1
10	0	-1	0	+1	-1	0	+1	-1	0	+1	-1	0	+1
11	0	-1	0	+1	0	+1	-1	0	+1	-1	0	+1	-1
12	0	-1	0	+1	+1	-1	0	+1	-1	0	+1	-1	0
13	0	0	+1	-1	-1	0	+1	0	+1	-1	+1	-1	0
14	0	0	+1	-1	0	+1	-1	+1	-1	0	-1	0	+1
15	0	0	+1	-1	+1	-1	0	-1	0	+1	0	+1	-1
16	0	+1	-1	0	-1	0	+1	+1	-1	0	0	+1	-1
17	0	+1	-1	0	0	+1	-1	-1	0	+1	+1	-1	0
18	0	+1	-1	0	+1	-1	0	0	+1	-1	-1	0	+1
19	+1	-1	+1	0	-1	+1	0	-1	+1	0	-1	+1	0
20	+1	-1	+1	0	0	-1	+1	0	-1	+1	0	-1	+1
21	+1	-1	+1	0	+1	0	-1	+1	0	-1	+1	0	-1
22	+1	0	-1	+1	-1	+1	0	0	-1	+1	+1	0	-1
23	+1	0	-1	+1	0	-1	+1	+1	0	-1	-1	+1	0
24	+1	0	-1	+1	+1	0	-1	-1	+1	0	0	-1	+1
25	+1	+1	0	-1	-1	+1	0	+1	0	-1	0	-1	+1
26	+1	+1	0	-1	0	-1	+1	-1	+1	0	+1	0	-1
27	+1	+1	0	-1	+1	0	-1	0	-1	+1	-1	+1	0

Tableau II.3. Plan général des expériences

La table orthogonale L_9 qui correspond à 9 essais d'usinage (plan de Taguchi) est illustrée dans le tableau II.4.

Test	Vc	f	ap
1	-1	-1	-1
2	-1	0	0
3	-1	+1	+1
4	0	-1	0
5	0	0	+1
6	0	+1	-1
7	+1	-1	+1
8	+1	0	-1
9	+1	+1	0

Tableau II.4. *Table orthogonale L_9 de Taguchi*

II.5. Conclusion

Dans ce chapitre, nous avons présenté les différents matériels indispensables aux opérations d'usinage et de mesure. La composition chimique réelle des éprouvettes et leurs dimensions ainsi que les traitements thermiques effectués ont été présentés. Les conditions expérimentales relatives au tournage dur à sec de cet acier ont été choisies. Les matrices de planification des expériences pour un plan général de 3^3 et pour la table orthogonale L_9 de Taguchi ont été définies.

Chapitre III

Analyse du comportement des différents matériaux de coupe

III.1. Introduction

III.2. Comportement des matériaux de coupe

III.2.1. Evolution de l'usure VB en fonction de la longueur du copeau taillé

III.2.2. Productivité des matériaux de coupe utilisés

III.2.3. Evolution des efforts de coupe en fonction du copeau taillé

III.2.4. Evolution des efforts spécifiques en fonction du copeau taillé

III.2.5. Evolution des rugosités en fonction du copeau taillé

III.2.6. Evolution des températures des trois matériaux sélectionnés

III.3. Evolution des usures *VB* et *KT* de la céramique noire

III.4. Evolution des efforts de coupe (chariotage par la céramique noire)

III.5. Evolution des rugosités (chariotage par la céramique noire)

III.6. Conclusion

III.1. Introduction

Quoique le choix du régime de coupe soit primordial dans un processus d'usinage, il est encore basé sur les résultats expérimentaux. Un mauvais choix des conditions de coupe peut générer des effets indésirables tels que des efforts excessifs, des vibrations importantes, une usure prématurée de l'outil, ce qui conduit à dégrader l'état de surface. C'est dans cet esprit que se résume notre travail où est exposé le comportement des six matériaux de coupe utilisés en chariotage à sec de l'acier X38CrMoV5-1 traité à 50 HRC. Les essais nous ont permis d'étudier l'évolution de l'usure, de la productivité en termes de volume du copeau taillé, des efforts de coupe et de la rugosité de surface pour différentes conditions de coupe (longueur du copeau taillé, avance par tour, temps d'usinage et vitesse de coupe). Une étude approfondie sera focalisée sur la céramique noire Al_2O_3+TiC en termes d'usure, d'efforts de coupe et de rugosité pour différents régimes de coupe.

III.2. Comportement des matériaux de coupe

III.2.1. Evolution de l'usure VB en fonction de la longueur du copeau taillé

Des essais de chariotage de longue durée ont été réalisés sur des éprouvettes en acier fortement allié X38CrMoV5-1 traité à 50 HRC, usiné par six matériaux de coupe. Le but de ces opérations est de déterminer les courbes d'usure en fonction de la longueur du copeau taillé et par conséquent on détermine les tenues des différents matériaux de coupe utilisés. La figure III.1 présente l'évolution de l'usure en dépouille *VB* en fonction de la longueur du copeau taillé à f = 0,08 mm/tr ; ap = 0,15 mm et Vc = 120 m/min des matériaux de coupe suivants : le carbure non revêtu H13A, le carbure revêtu GC3015, le cermet non revêtu CT5015, le cermet revêtu GC1525 et les céramiques noire Al_2O_3+TiC (CC650) et composite Al_2O_3+SiC (CC670). Pour une longueur du copeau de 200 m seulement, l'usure en dépouille du cermet revêtu GC1525 dépasse sa valeur admissible et atteint 0,640 mm, celle du cermet non revêtu CT5015 dépasse à son tour sa valeur admissible et atteint 0,404 mm. Ce qui signifie que les deux arêtes de coupe de ces outils sont sérieusement endommagées. Leurs durées de vie respectives sont de 1 et de 1,5 minute. L'usure en dépouille du carbure non revêtu H13A est de 0,214 mm pour une longueur du copeau taillé de 320 m. Cette dernière ne dépasse sa valeur admissible qu'après une longueur de 560 m du copeau usiné. Elle vaut 0,358 mm. La tenue du H13A est de 4,5 minutes pour les mêmes conditions de coupe. Pour une première opération de chariotage par la plaquette CC670, l'usure *VB* est de 0,243 mm. Cette dernière est égale à sa valeur admissible pour une longueur de 960 m du copeau. Ce qui limite la durée de vie de cet outil à 8 minutes seulement. Le premier essai de tournage fait par le carbure revêtu GC3015 génère une usure en dépouille de 0,074 mm. Pour une longueur du copeau usiné par cet outil de 1950 m, l'usure *VB* est de 0,309 mm. Ce qui définit la durée de vie de cet outil de 16 minutes. D'après la courbe de la céramique noire Al_2O_3+TiC (CC650) et pour une longueur du copeau taillé de 1480 m, l'usure en dépouille *VB* de cette plaquette atteint la valeur de 0,118 mm. Cette dernière ne dépasse sa valeur admissible qu'après cinq opérations de chariotage et elle vaut 0,319 mm. Ce qui correspond à une longueur de 5920 m du copeau. La tenue de cette plaquette est de 49 minutes. Dans ces conditions de coupe, la tenue de la céramique mixte Al_2O_3+TiC est largement supérieure à celles des autres matériaux de coupe utilisés.

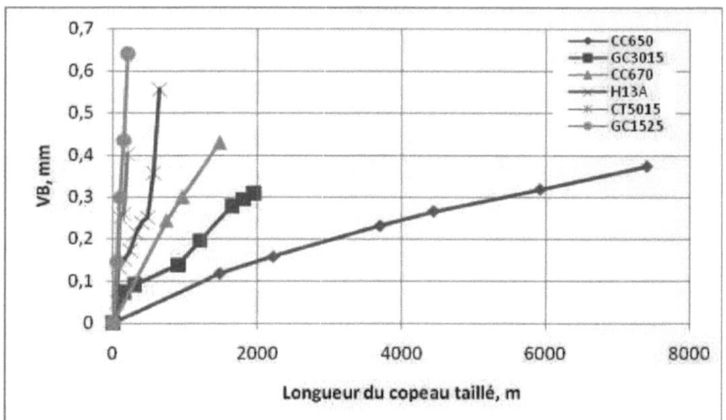

Fig. III.1. VB des matériaux de coupe en fonction de la longueur du copeau

La figure III.2 montre l'évolution de l'usure en dépouille *VB* du carbure revêtu GC3015, des céramiques noire Al_2O_3+TiC (CC650) et composite Al_2O_3+SiC (CC670) en fonction de la longueur du copeau taillé à f = 0,08 mm/tr ; *ap* = 0,15 mm et *Vc* = 90 m/min. Pour une longueur du copeau usiné par la céramique mixte Al_2O_3+TiC de 795 m, son usure en dépouille *VB* est de 0,091 mm. Après neuf opérations de chariotage, ce qui correspond à une longueur de 7155 m du copeau taillé, l'usure *VB* est de 0,315 mm. Cette variation correspond à une augmentation de *VB* de cette plaquette de 246%. D'après la figure III.2, la durée de vie de la plaquette CC650 est de 79 minutes. L'usure en dépouille *VB* de la céramique composite Al_2O_3+SiC est de 0,173 mm pour une première opération de chariotage. Pour une longueur du copeau de 1260 m, l'usure est de 0,338 mm. La tenue de la plaquette CC670 n'est que de 12 minutes. Pour une longueur de 427,5 m du copeau usiné par le carbure revêtu GC3015, l'usure *VB* est de 0,085 mm. Cette dernière ne dépasse sa valeur admissible qu'après avoir taillé la longueur de 2565 m de coupeau et atteint la valeur de 0,308 mm. La tenue de cet outil est de 28,5 minutes. On remarque que pour ce régime de coupe, la durée de vie de la céramique composite est inférieure à 16% de celle de la céramique mixte et la tenue du carbure revêtu est égale à 36% de celle de la céramique mixte.

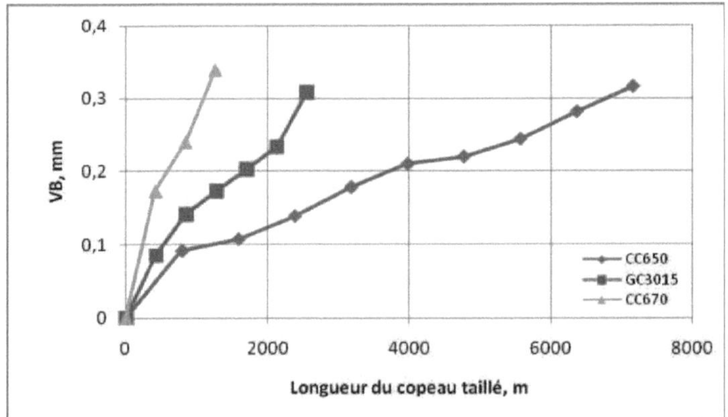

Fig. III.2. *VB du carbure revêtu GC3015 et des céramiques Al_2O_3+TiC et Al_2O_3+SiC*

Le tableau III.1 précise les tenues des matériaux de coupe utilisés (céramique mixte Al_2O_3+TiC, céramique composite Al_2O_3+SiC, carbure non revêtu H13A, carbure revêtu GC3015, cermet non revêtu CT5015 et cermet revêtu GC1525) pour le régime de coupe suivant : Vc = 120 m/min, f = 0,08 mm/tr, ap = 0,15 mm et pour une usure admissible $[VB]$ = 0,3 mm.

Les tenues de la céramique composite Al_2O_3+SiC (CC670), du cermet non revêtu CT5015, du cermet revêtu GC1525, du carbure revêtu GC3015 et du carbure non revêtu H13A sont respectivement (8; 1,5; 1; 16 et 4,5) minutes et ne représentent que (16,33; 3,06; 2,04; 32,65 et 9,18) % de celle de la céramique noire Al_2O_3+TiC (CC650). Ces résultats prouvent que la céramique noire Al_2O_3+TiC est plus performante que les autres nuances utilisées en termes de résistance à l'usure.

III.2.2. Productivité des matériaux de coupe utilisés

Le tableau III.1 montre aussi la productivité des six matériaux de coupe utilisés en termes de volume du copeau taillé pour le régime de coupe suivant : Vc = 120 m/min, f = 0,08 mm/tr, ap = 0,15 mm. Il est à signaler que la performance de la céramique mixte Al_2O_3+TiC est supérieure de six fois celle de la céramique composite Al_2O_3+SiC, de dix fois celle du carbure non revêtu H13A, de trois fois celle du carbure revêtu GC3015, de trente deux fois celle du cermet non revêtu CT5015 et de quarante neuf fois celle du cermet revêtu GC1525. Donc la céramique mixte est largement plus performante que les autres matériaux en termes de quantité de copeau taillé.

Matériaux de coupe	Tenue (T, min) pour $[VB]$ = 0,3mm	Productivité en termes de volume du copeau taillé, mm^3
Al_2O_3+TiC (CC650)	49	70560
Carbure revêtu GC3015	16	23040
Al_2O_3+SiC (CC670)	8	11520
Carbure non revêtu H13A	4,5	6480
Cermet non revêtu CT5015	1,5	2160
Cermet revêtu GC1525	1	1440

Tableau III.1. *Tenue et Productivité des six matériaux de coupe utilisés*

La figure III.3 montre les histogrammes du volume du copeau taillé des six matériaux de coupe pour ce régime de coupe : Vc = 120 m/min, f = 0,08 mm/tr et ap = 0,15 mm. Le volume total du copeau usiné par les cinq matériaux (la céramique composite Al_2O_3+SiC CC670, le carbure non revêtu H13A, le carbure revêtu GC3015, le cermet non revêtu CT5015 et le cermet revêtu GC1525) est de 44640 mm^3 et ce taux ne représente que 63,26 % de celui de la céramique mixte Al$_2$O$_3$+TiC.

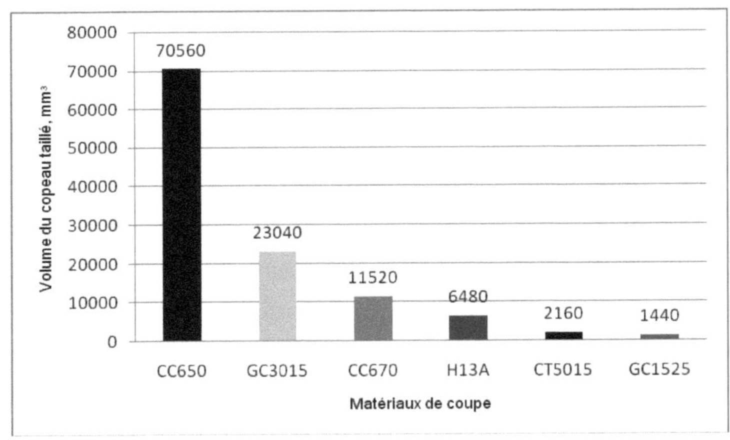

Fig. III.3. *Histogrammes du volume du copeau taillé des six matériaux de coupe*

Le tableau III.2 présente la tenue et la productivité en termes de volume du copeau taillé des céramiques de coupe Al$_2$O$_3$+TiC et Al$_2$O$_3$+SiC et du carbure revêtu GC3015 pour le régime de coupe suivant : *Vc* = 90 m/min, *f* = 0,08 mm/tr et *ap* = 0,15 mm pour une usure admissible [*VB*] = 0,3 mm. On remarque que pour ce régime de coupe, la performance de la céramique composite Al$_2$O$_3$+SiC (CC670) ne dépasse passe 15,1% de celle de la céramique mixte Al$_2$O$_3$+TiC (CC650) et le volume du copeau taillé par le carbure revêtu GC3015 n'excède pas 35,85% de celui de la céramique mixte Al$_2$O$_3$+TiC (CC650).

Matériaux de coupe	Tenue (*T*, min) pour [*VB*] = 0,3mm	Productivité en termes de volume du copeau taillé, mm^3
Al$_2$O$_3$+TiC	79	85860
GC3015	28,5	30780
Al$_2$O$_3$+SiC	12	12960

Tableau III.2. *Productivité des céramiques (Al$_2$O$_3$+TiC et Al$_2$O$_3$+SiC) et du GC3015*

La figure III.4 montre les histogrammes du volume du copeau taillé des trois matériaux de coupe : Al$_2$O$_3$+TiC, Al$_2$O$_3$+SiC et GC3015 pour ce régime de coupe : *Vc* = 90 m/min, *f* = 0,08 mm/tr et *ap* = 0,15 mm. Le volume du copeau usiné par la céramique mixte Al$_2$O$_3$+TiC est de 85860 mm^3 et cette quantité est supérieure à six fois celle de la céramique composite Al$_2$O$_3$+SiC et 2,78 fois celle du GC3015. D'après ces résultats et quelque soit le régime de coupe, la céramique mixte Al$_2$O$_3$+TiC est plus performante que les autres nuances utilisées en termes de quantité de matière à enlever.

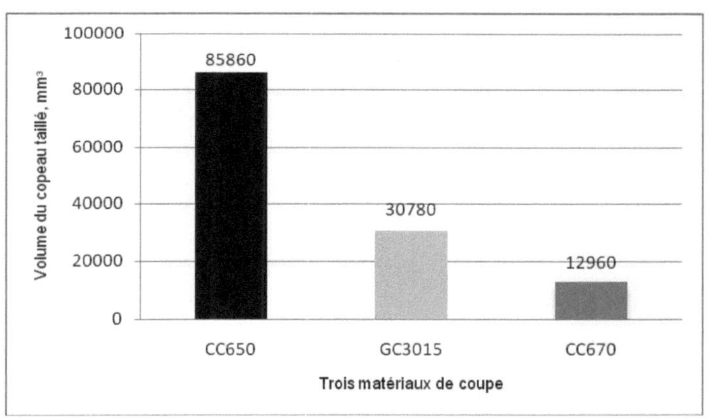

Fig. III.4. Histogrammes du volume du copeau taillé des trois matériaux de coupe

III.2.3. Evolution des efforts de coupe en fonction de la longueur de copeau

Les figures III.5 III.6 et III.7 illustrent l'évolution des efforts de coupe en fonction de la longueur de copeau taillé à *f* = 0,08 mm/tr ; *ap* = 0,15 mm et *Vc* = 120 m/min pour les outils : CC650, CC670, CT5015, GC1525, GC3015 et H13A. Pour le chariotage effectué par les cermets revêtu GC1525 et non revêtu CT5015 et après avoir usiné une longueur de copeau de 200 m seulement, leurs efforts axiaux respectifs atteignent les valeurs de 89,75 et 129,52 N. Ces valeurs ne seront pas atteintes même si le carbure non revêtu H13A taille une longueur de 640 m, la céramique composite Al$_2$O$_3$+SiC taille une longueur de 1480 m, le carbure revêtu GC3015 taille une longueur de 1950 m et la céramique mixte Al$_2$O$_3$+TiC taille une longueur de 8140 m.

Concernant les efforts radiaux et pour une longueur de 200 m de copeau usinée par les cermets revêtu GC1525 et non revêtu CT5015, leurs valeurs sont 502,40 et 554,17 N. Ces limites ne seront jamais approchées malgré que le carbure non revêtu H13A taille une longueur de 640 m, la céramique composite Al_2O_3+SiC taille une longueur de 1480 m, le carbure revêtu GC3015 taille une longueur de 1950 m et la céramique mixte Al_2O_3+TiC taille une longueur de 8140 m. Les efforts tangentiels relatifs à 200 m de copeau usiné par les cermets revêtu GC1525 et non revêtu CT5015 sont 113,81 et 99,90 N. Ces valeurs resteront supérieures par rapport au chariotage effectué par le carbure non revêtu H13A même s'il taille une longueur de 480 m, par la céramique composite Al_2O_3+SiC avec une longueur de 1480 m, par le carbure revêtu GC3015 avec une longueur de 1950 m et par la céramique mixte Al_2O_3+TiC avec une longueur de 8140 m.

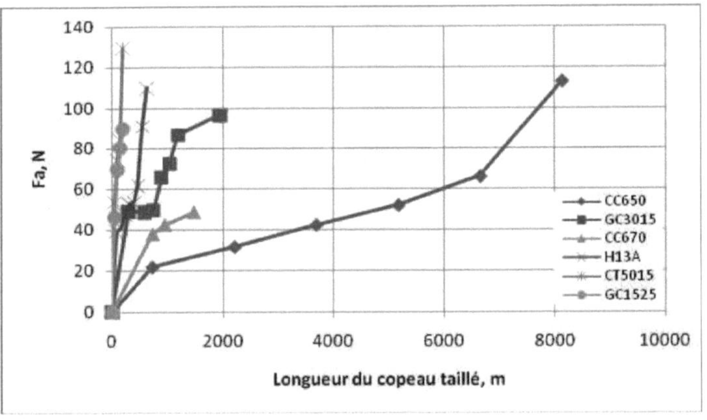

Fig. III.5. Evolution des efforts axiaux en fonction de la longueur de copeau

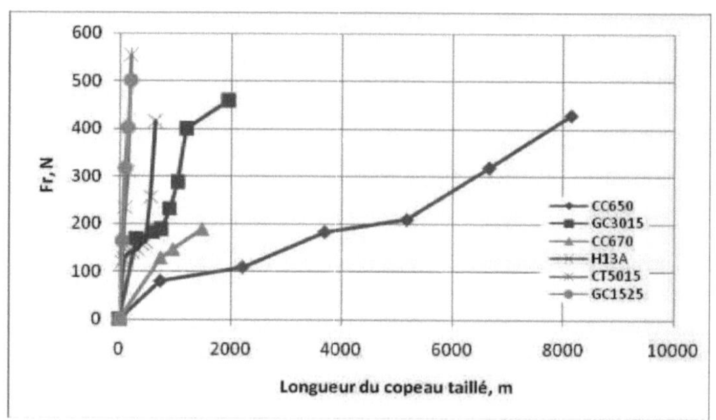

Fig. III.6. Evolution des efforts radiaux en fonction de la longueur de copeau

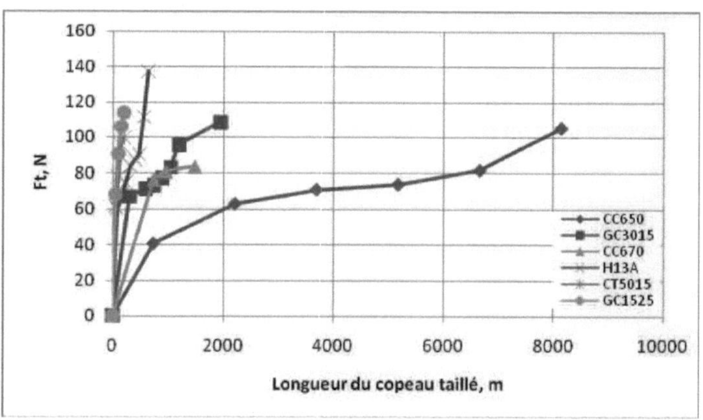

Fig. III.7. Evolution des efforts tangentiels en fonction de la longueur de copeau

Les figures III.8, III.9 et III.10 présentent l'évolution des efforts de coupe en fonction de la longueur de copeau taillé par les plaquettes en céramique mixte (Al$_2$O$_3$+TiC) CC650, en céramique composite (Al$_2$O$_3$+SiC) CC670.et en carbure revêtu GC3015 à f = 0,08 mm/tr ; ap = 0,15 mm et Vc = 90 m/min.

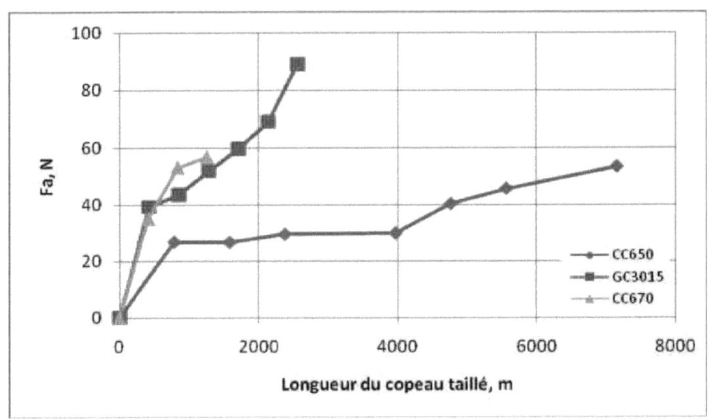

Fig. III.8. *Evolution des efforts axiaux pour les outils : CC650, CC670 et GC3015*

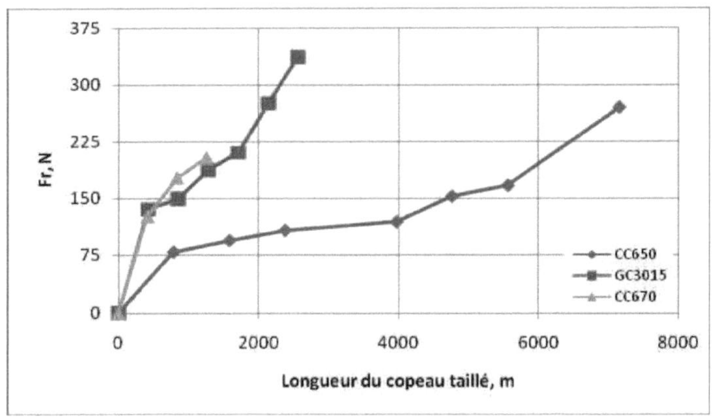

Fig. III.9. *Evolution des efforts radiaux pour les outils : CC650, CC670 et GC3015*

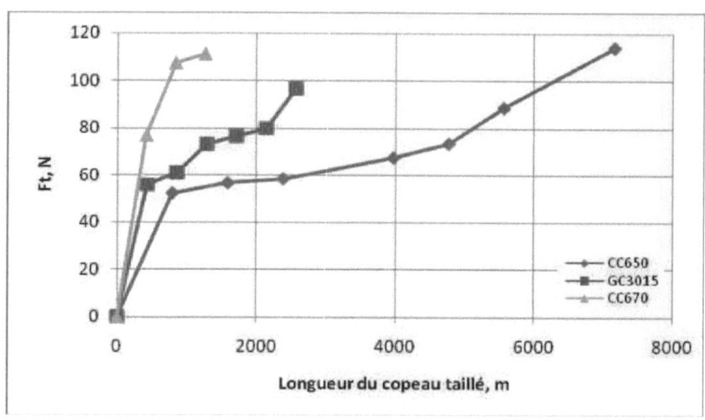

Fig. III.10. *Evolution des efforts tangentiels pour les outils : CC650, CC670 et GC3015*

Pour une longueur de copeau de 1260 m, les composantes de l'effort de coupe (*Fa*, *Fr* et *Ft*) relatifs à l'usinage effectué par la céramique composite (Al$_2$O$_3$+SiC) CC670.sont 56,91 ; 204,06 et 111,39 N. Ces valeurs sont largement supérieures à celles du chariotage effectué par le carbure revêtu GC3015 avec une longueur de copeau de 1710 m et 5565 m de copeau usiné par la céramique mixte (Al$_2$O$_3$+TiC) CC650. Une fois encore, la céramique mixte (Al$_2$O$_3$+TiC) est plus performante que les autres matériaux de coupe utilisés en termes d'efforts de coupe générés.

III.2.4. Evolution des efforts spécifiques Kt en fonction de la longueur de copeau

La figure III.11 expose l'évolution des efforts spécifiques de coupe (pressions de coupe) en fonction de la longueur du copeau taillé pour l'usinage effectué par les six matériaux de coupe suivants : la céramique mixte Al$_2$O$_3$+TiC, la céramique composite Al$_2$O$_3$+SiC, le carbure non revêtu H13A, le carbure revêtu GC3015, le cermet non revêtu CT5015 et le cermet revêtu GC1525) pour le régime de coupe suivant : *Vc* = 120 m/min, *f* = 0,08 mm/tr, *ap* = 0,15 mm. Pour une longueur du copeau taillé de 200 m seulement, les pressions de coupe exercées sur les arêtes de coupe des cermets revêtu GC1525 et non revêtu CT5015 sont respectivement 9484,17 et 8325 MPa. Cette même pression n'est exercée sur le carbure non revêtu H13A qu'après une longueur du copeau supérieure à 2,5 fois celle des cermets. Les pressions de coupe subies par la céramique composite Al$_2$O$_3$+SiC, le carbure revêtu GC3015et la céramique mixte Al$_2$O$_3$+TiC sont successivement 6973,33 ; 9045,83 et 8762,5 MPa pour les longueurs du copeau taillé de 1480 m (7,4 fois celle des cermets); 1950 m (9,75 fois celle des cermets) et 8140 m (40,7 fois celle des cermets). Ces résultats confirment la performance de ces trois derniers matériaux en termes de pressions de coupe et particulièrement la céramique mixte Al$_2$O$_3$+TiC.

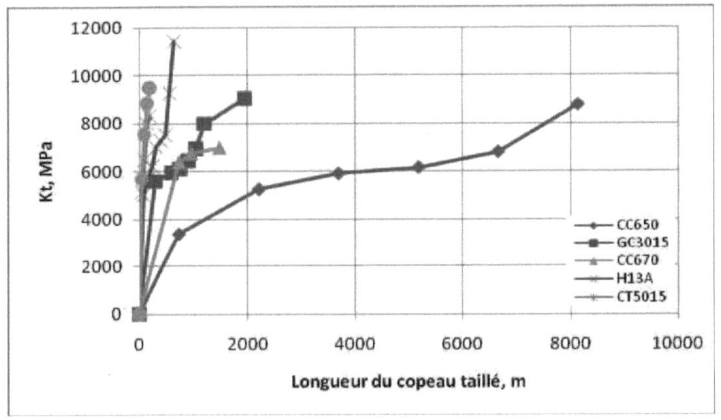

Fig. III.11. Evolution des efforts spécifiques en fonction du copeau

III.2.5. Evolution des rugosités en fonction de la longueur de copeau

Les figures III.12, III.13 et III.14 présentent l'évolution des principaux critères de rugosité (*Ra*, *Rt* et *Rz*) en fonction de la longueur de copeau taillé par les outils suivants : CC650, CC670, CT5015, GC1525, GC3015 et H13A à f = 0,08 mm/tr ; ap = 0,15 mm et Vc = 120 m/min.

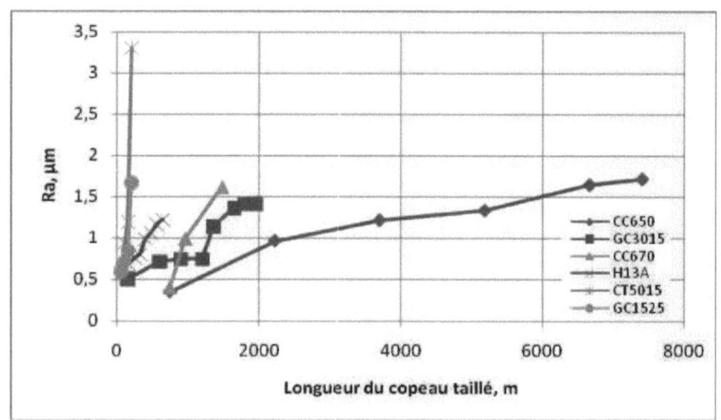

Fig. III.12. *Evolution de la rugosité Ra en fonction du copeau taillé*

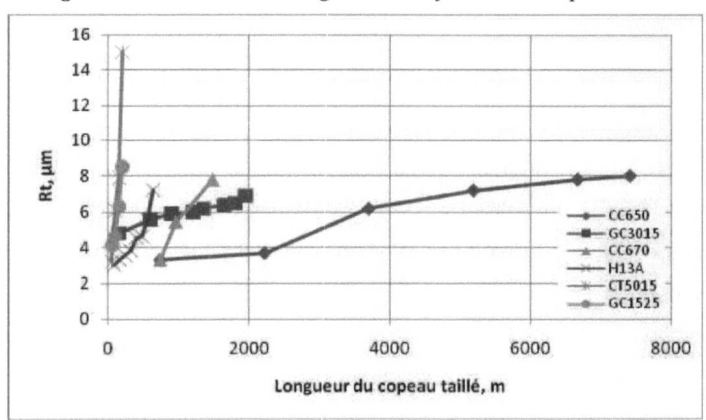

Fig. III.13. *Evolution de la rugosité Rt en fonction du copeau taillé*

On remarque que toutes les courbes prennent une allure ascendante ce qui signifie que la longueur de copeau taillé a un effet important sur la rugosité.

Il est à signaler que pour une longueur de copeau de 200 m, les trois critères de rugosité (*Ra*, *Rt* et *Rz*) des surfaces usinées par les cermets revêtu GC1525 et non revêtu CT5015 sont successivement (1,67 ; 8,48 et 7,74) µm et (3,3 ; 15,02 et 14,31) µm. Le carbure non revêtu H13A donne des états de surface nettement inférieurs (1,22 ; 7,21 et 6,28) après usinage d'une longueur de copeau de 640 m. Quant à la céramique composite CC670, les rugosités obtenues sont (1,62 ; 7,80 et 5,70) µm pour

77

une longueur de copeau de 1480 m. La qualité des surfaces usinées par la céramique mixte CC650 et le carbure revêtu GC3015 est meilleure même ces deux nuances réalisent respectivement une longueur de copeau de 6660 et 1950 m.

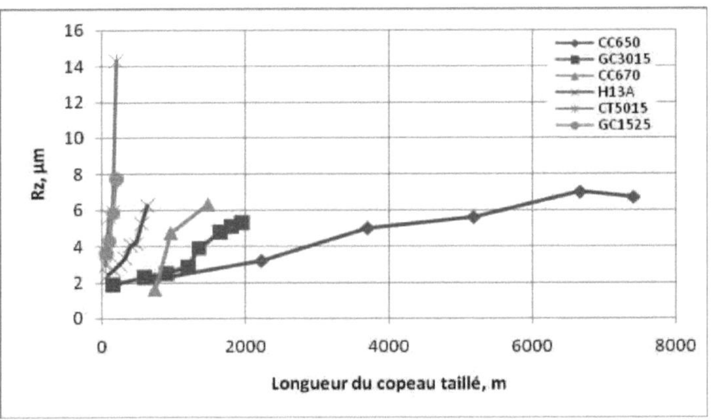

Fig. III.14. *Evolution de la rugosité Rz en fonction du copeau taillé*

Les courbes des rugosités (*Ra, Rt* et *Rz)* des surfaces usinées par les deux céramiques de coupe (Al_2O_3+TiC et Al_2O_3+SiC) et le carbure revêtu GC3015 pour les conditions suivantes : *f* = 0,08 mm/tr ; *ap* = 0,15 mm et *Vc* = 90 m/min sont exposées successivement dans les figures III.15, III.16 et III.17. On note que même pour ces conditions de coupe, les courbes de rugosité ont une allure ascendante. Cette synthèse confirme que la longueur de copeau a une énorme influence sur les critères de rugosité étudiés. Pour une longueur de copeau de 795 m du chariotage effectué par la céramique mixte CC650, les trois critères de rugosité (*Ra, Rt* et *Rz*) sont respectivement (0,64; 3,5 et 2,3) µm.

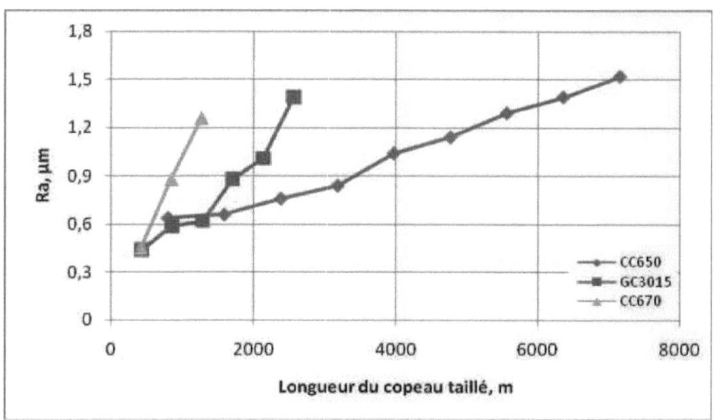

Fig. III.15. Evolution de la rugosité Ra en fonction du copeau

A la fin du chariotage (pour une longueur de 7155 m), les rugosités atteignent les valeurs de (1,52; 13,1 et 6,1) µm. Ce qui signifie que ces augmentations sont de (137,5; 274,3 et 165,2) %.

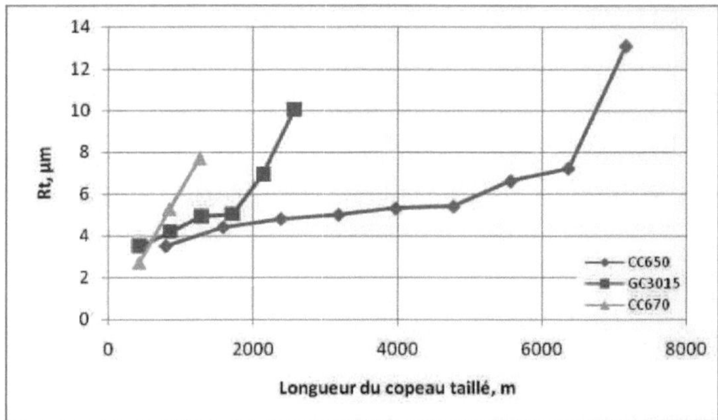

Fig. III.16. Evolution de la rugosité Rt en fonction du copeau

Pour une longueur de copeau de 420 m du chariotage effectué par la céramique composite CC670, les trois critères de rugosité (*Ra, Rt* et *Rz*) sont successivement (0,45; 2,7 et 1,7) µm. Quand la longueur de copeau est de 1260 m, les critères de rugosité deviennent (1,26; 7,7 et 5,7) µm. Ce qui correspond à des augmentations de (180; 185 et 235) %.

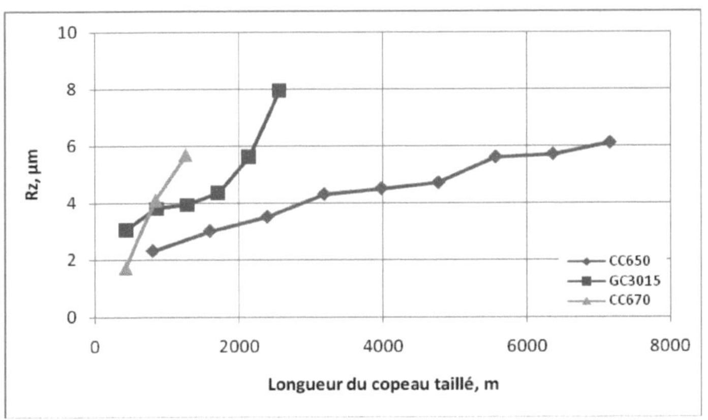

Fig. III.17. Evolution de la rugosité Rz en fonction du copeau

Pour le même régime de coupe, les états de surfaces usinées par le carbure revêtu GC3015 sont (0,44 ; 3,49 et 3,05) µm. Ces valeurs correspondent à une longueur de copeau taillé de 427,5 m. Lorsque cette longueur est de 2565 m, les critères de rugosité passent à (1,39 ; 10,07 et 7,96) µm. Ces augmentations représentent (215,9; 188,54 et 160,98) %. D'après cette synthèse, les états de surfaces usinées par la céramique mixte (Al_2O_3+TiC) sont meilleurs que ceux réalisés par les autres outils de coupe et ce pour toutes les conditions de coupe testées.

III.2.6. Evolution des températures des trois matériaux sélectionnés

IV.2.6.1. Influence de l'avance

La figure III.18 montre l'évolution de la température dans la zone de coupe en fonction de l'avance θ = f(*f*) pour les trois matériaux de coupe sélectionnés (la céramique mixte Al_2O_3+TiC, la céramique composite Al_2O_3+SiC et le carbure revêtu GC3015) à un temps d'usinage de 20 secondes (*t* = 20 s). Avec l'augmentation de l'avance, la section du copeau augmente et par conséquent le frottement augmente, ce qui entraîne une augmentation de la température. Pour une avance allant de (0,08 à 0,24) mm/tr, on enregistre des températures qui varient de 246 à 363°C pour la céramique mixte Al_2O_3+TiC), de 242 à 318°C pour la céramique composite

Al$_2$O$_3$+SiC et de 221 à 283°C pour   le carbure revêtu GC3015. Ces augmentations respectives sont de (48 ; 31,4 et 28,05) %.

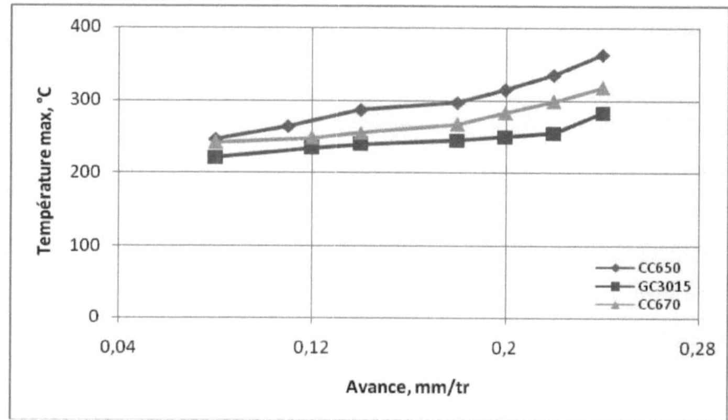

Fig. III.18. Température maximale en fonction de l'avance (t = 20 s)

III.2.6.2. Influence de la vitesse de coupe

La figure III.19 met en évidence l'effet de la vitesse de coupe sur la température maximale dans la zone de coupe θ = f(Vc) pour un temps d'usinage de 20 s. Avec l'accroissement de la vitesse de coupe, les frottements augmentent, ce qui induit une augmentation de la température dans la zone de coupe.

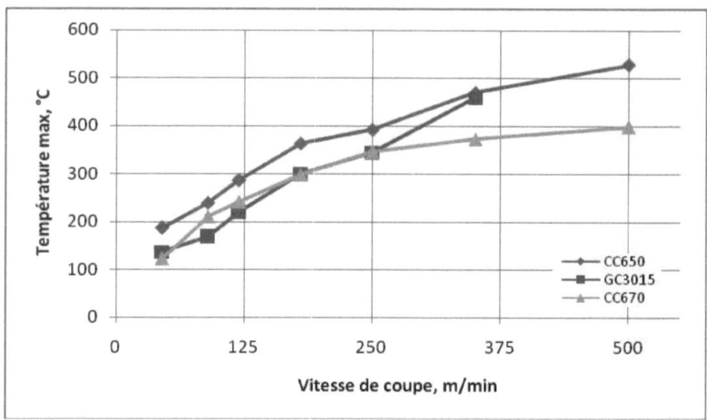

Fig. III.19. Température maximale en fonction de la vitesse de coupe (t = 20 s)

A cet égard, la mesure de la température par pyromètre à infrarouge indique que pour une vitesse de 45 m/min, les températures maximales sont (187 ; 123 et 137) °C. Pour une vitesse de coupe de 350 m/min, on enregistre des augmentations des températures respectives dans la zone de coupe de (151,34 ; 203,25 et 235,07) %.

III.2.6.3. Influence de la profondeur de passe

La figure III.20 montre l'évolution de la température maximale enregistrée dans la zone de coupe en fonction la profondeur de passe θ = f(ap) pour (t = 20 s). Pour une profondeur de passe de 0,1 mm, les températures enregistrées sont (279 ; 233 et 190) °C. Si la profondeur de passe augmente à 0,6 mm (soit 6 fois), les valeurs des températures deviennent successivement (467 ; 272 et 300) °C. Si la profondeur de passe augmente, la section du copeau augmente et le frottement copeau / outil augmente, ce qui conduit à une augmentation de la température. D'après ces résultats, on remarque que la vitesse de coupe a une influence considérable sur la température.

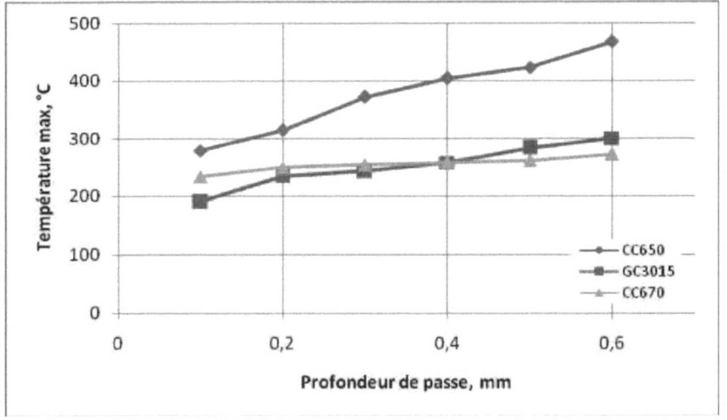

Fig. III.20. *Température maximale en fonction de la profondeur de passe (t = 20 s)*

III.3. Evolution des usures *VB* et *KT* de la céramique noire (Al$_2$O$_3$+TiC)

La céramique noire Al$_2$O$_3$+TiC s'est avérée plus performante que les autres matériaux, c'est pour cette raison que nous avons jugé utile d'approfondir l'étude sur le comportement de cette nuance à la coupe en termes d'usure, d'efforts de coupe et de rugosité des surfaces usinées. La figure III.21 met en évidence l'évolution de l'usure en dépouille *VB* de la céramique noire Al_2O_3+TiC à une profondeur de passe égale à 0,15 mm et à deux vitesses de coupe et deux avances différentes. D'après la courbe de la céramique noire Al_2O_3+TiC à *Vc* = 120 m/min et *f* = 0,08 mm/tr et pour un temps d'usinage de 740 secondes (12,33 min), l'usure en dépouille *VB* de la plaquette en céramique noire Al_2O_3+TiC atteint la valeur de 0,118 mm. A la fin de l'usinage à *t* = 3700 secondes (61,67 min), l'usure en dépouille est de 0,374 mm. Cette variation correspond à une augmentation de 217%. La tenue de cette plaquette est de 49 minutes.

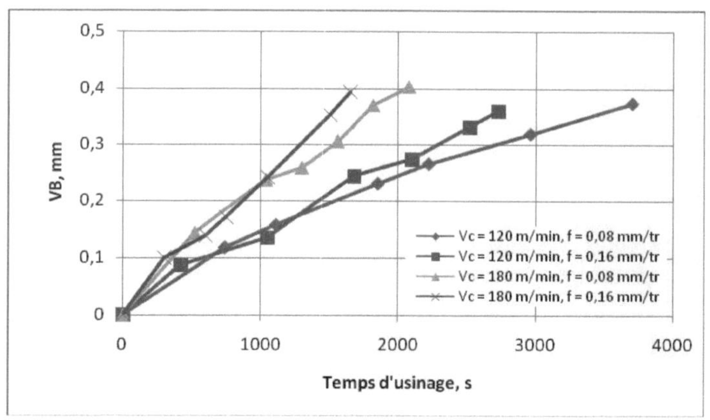

Fig. III.21. *VB de la céramique Al_2O_3+TiC en fonction du temps d'usinage*

Pour un temps d'usinage de 420 secondes (7 min) et pour *Vc* = 120 m/min et *f* = 0,16 mm/tr, l'usure en dépouille atteint la valeur de 0,087 mm. Cette dernière est de 0,36 mm à *t* = 2730 secondes (45,5 min). Ce qui correspond à une augmentation de 314%. D'après la courbe de la figure ci-dessus, la durée de vie de cette plaquette est de 42 minutes. La figure III.21 expose aussi l'évolution de l'usure en dépouille *VB* de la céramique mixte CC650 à *Vc* = 180 m/min; *ap* = 0,15 mm et *f* = 0,08 mm/tr. Pour la deuxième opération de chariotage, l'usure en dépouille de cet outil est de 0,143 mm. A la huitième opération d'usinage, l'usure dépasse sa valeur admissible et vaut 0,404 mm. Cette variation correspond à un accroissement de 183%. La tenue de l'outil pour ces conditions de coupe n'est que de 26 minutes pour une usure admissible [*VB*] =0,3 mm. L'évolution de l'usure en dépouille *VB* en fonction du temps d'usinage à *f* = 0,16 mm/tr ; *ap* = 0,15 mm ; *Vc* = 180 m/min est illustrée dans cette figure. *VB* est de 0,1 mm à *t* = 300 secondes (5 min). A *t* = 1650 secondes (27,5 min), l'usure de cette plaquette pour les conditions de coupe indiquées est de 0,394 mm. Ce qui représente une augmentation de 294%. La durée de vie de la plaquette CC650 se réduit à 22,5 minutes. D'après ces résultats, on peut conclure que le temps d'usinage et la vitesse de coupe ont un impact énorme sur l'usure en dépouille de l'outil utilisé. Par contre, l'usure en cratère *KT* n'est que de 0,047 mm pour *t* = 37 min, *Vc* = 120 m/min et *f* = 0,08 mm/tr. Sa valeur devient 0,027 mm pour *t* = 17,33 min, *Vc* = 180 m/min et *f* = 0,08 mm/tr. Ce qui correspond respectivement à (31,33 et 18) % de sa valeur admissible. Donc *KT* est largement mois affectée que *VB*.

La figure III.22 expose les différentes étapes de propagation de l'usure en dépouille *VB* de la céramique noire Al_2O_3+TiC à *Vc* = 120 m/min, *f* = 0,08 mm/tr et *ap* = 0,15 mm.

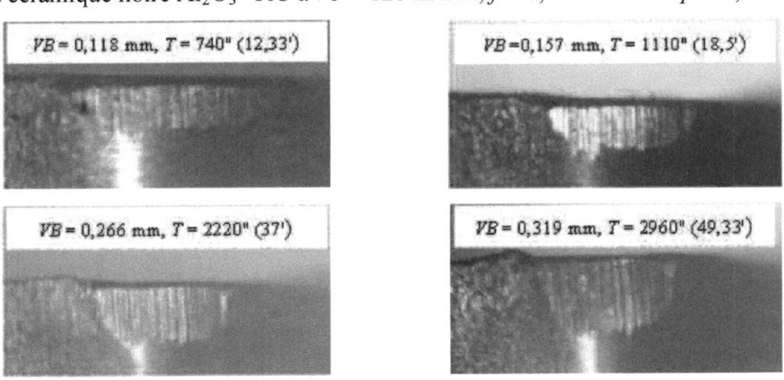

Fig. III.22. *Propagation de VB de la céramique Al_2O_3+TiC*

Les figures III.23, II.24, III.25 illustrent respectivement les différentes étapes de propagation de l'usure en dépouille *VB* de la céramique noire Al_2O_3+TiC pour les régimes de coupe suivants : *Vc* = 120 m/min, *f* = 0,16 mm/tr et *ap* = 0,15 mm, *Vc* = 180 m/min, *f* = 0,08 mm/tr et *ap* = 0,15 mm et *Vc* = 180 m/min, *f* = 0,16 mm/tr et *ap* = 0,15 mm. On remarque que la propagation de cette usure *VB* est régulière quoique la céramique mixte Al_2O_3+TiC usine dans des conditions sévères.

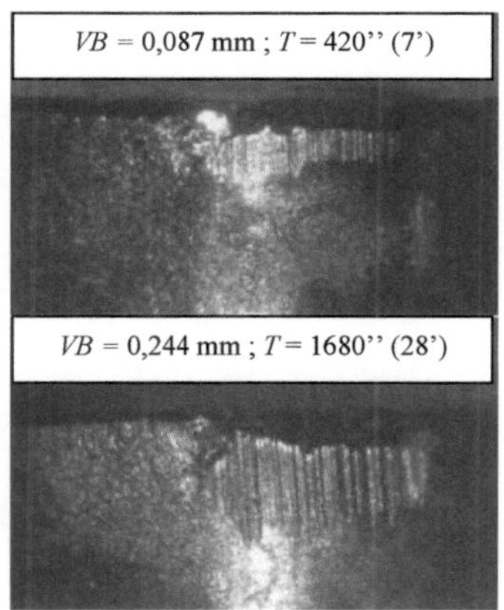

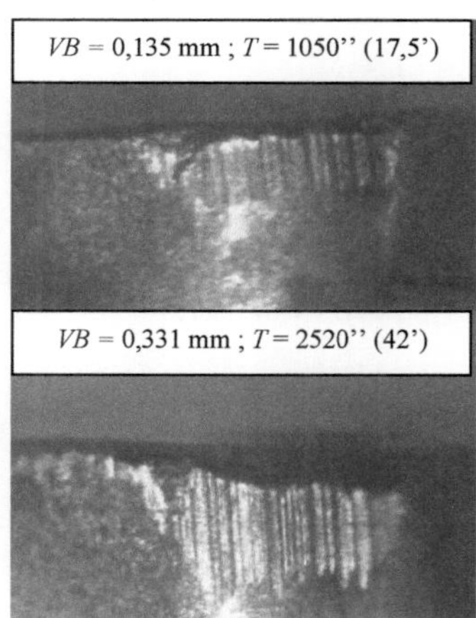

Fig. III.23. *Propagation de VB de la céramique Al_2O_3+TiC (Vc = 120 m/min et f = 0,16 mm/tr)*

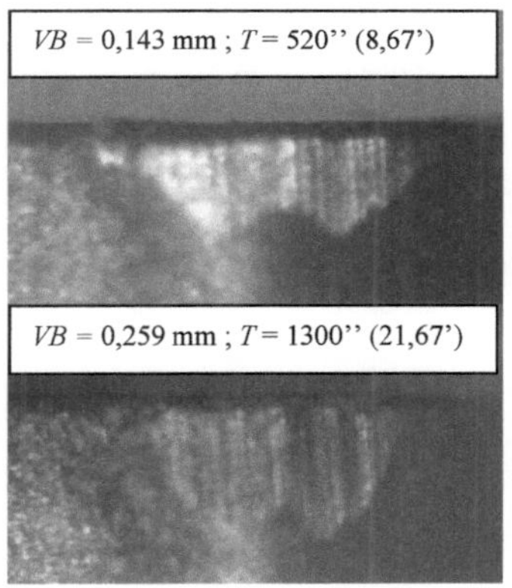

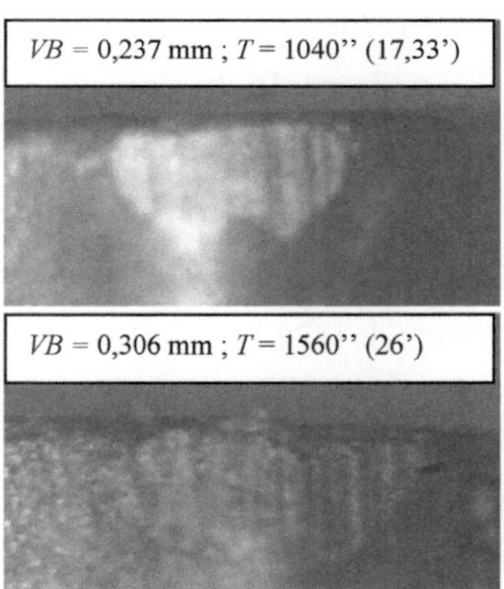

Fig. III.24. *Propagation de VB de la céramique Al_2O_3+TiC (Vc = 180 m/min et f = 0,08 mm/tr)*

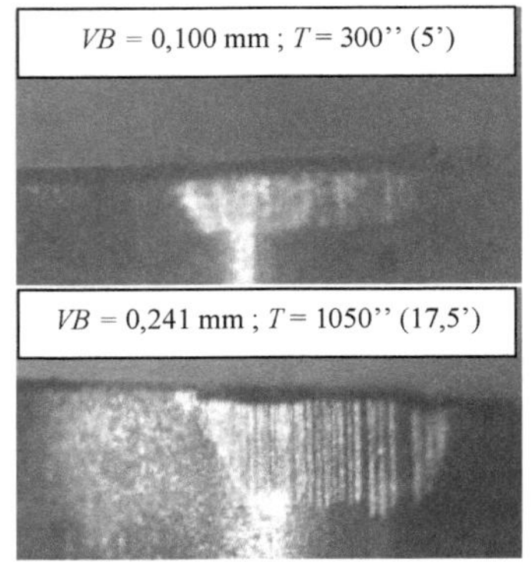

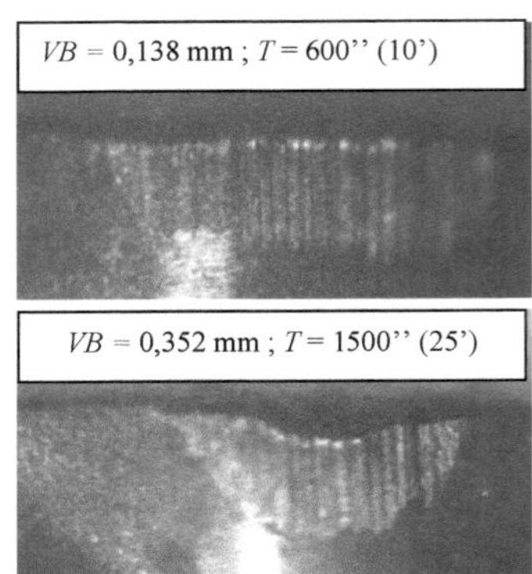

Fig. III.25. *Propagation de VB de la céramique Al₂O₃+TiC (Vc = 180 m/min et f = 0,16 mm/tr)*

III.4. Evolution des efforts de coupe (chariotage par la céramique noire)

III.4.1. Influence du temps d'usinage pour Vc = 120 m/min et f = 0,08 mm/tr

La figure III.26 présente l'évolution des efforts de coupe pour un chariotage effectué par la céramique noire Al_2O_3+TiC pour Vc = 120 m/min et f = 0,08 mm/tr. L'augmentation du temps d'usinage de 370 secondes (6,17 min) à 4070 secondes (67,83 min) induit une augmentation respective des efforts de coupe (*Fr*, *Ft* et *Fa*) de l'ordre de (422,7 ; 436,5 et 159,6) %.

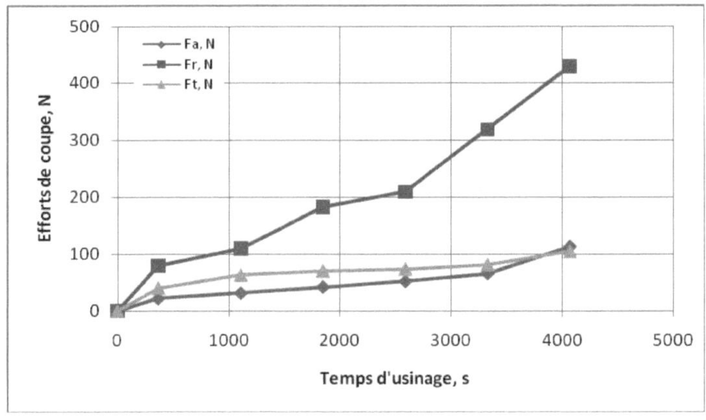

Fig. III.26. *Efforts de coupe pour un chariotage effectué par la céramique Al₂O₃+TiC*

III.4.2. Influence du temps d'usinage pour Vc = 120 m/min et f = 0,16 mm/tr

Les résultats présentés sur la figure III.27 montrent l'évolution des efforts de coupe en fonction du temps d'usinage à ap = 0,15 mm, Vc = 120 m/min et f = 0,16 mm/tr. Pour la première opération de chariotage (à t = 3,5 min), les valeurs des composantes de l'effort de coupe Fr, Ft et Fa sont respectivement de (87,46; 73,63 et 24,43) N. Ces valeurs atteignent (172,20 ; 103,82 et 38,08) N à un temps d'usinage de 24,5 minutes. Ce qui correspond à une augmentation des efforts de coupe Fr, Ft et Fa de (96,89 ; 41 et 55,87) %. A la sixième opération d'usinage (à t = 42 min), l'effort axial se stabilise légèrement et vaut 40,90 N. Tandis que les efforts (radial et tangentiel) continuent leur croissance et valent successivement (244,49 et 134,76) N. Cette variation se traduit par une augmentation de (179,54 et 83,02) %. On remarque que l'effort radial est prépondérant par rapport aux deux autres et cela pour toutes les opérations d'usinage. On constate aussi que l'effort radial est très affecté par la variation du temps d'usinage, suivi de l'effort tangentiel et en dernier lieu de l'effort axial.

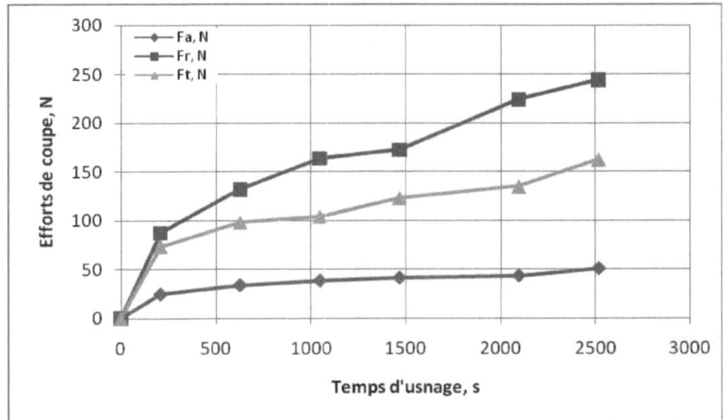

***Fig. III.27.** Evolution des efforts de coupe en fonction du temps d'usinage*

III.4.3. Influence du temps d'usinage pour Vc = 180 m/min et f = 0,08 mm/tr

La figure III.28 montre l'évolution des efforts de coupe pour ap = 0,15 mm, Vc = 180 m/min et f = 0,08 mm/tr. Pour la première opération de chariotage (à t = 4,33 min), les efforts de coupe Fr, Ft et Fa sont de (70,80; 35,67 et 32,80) N.

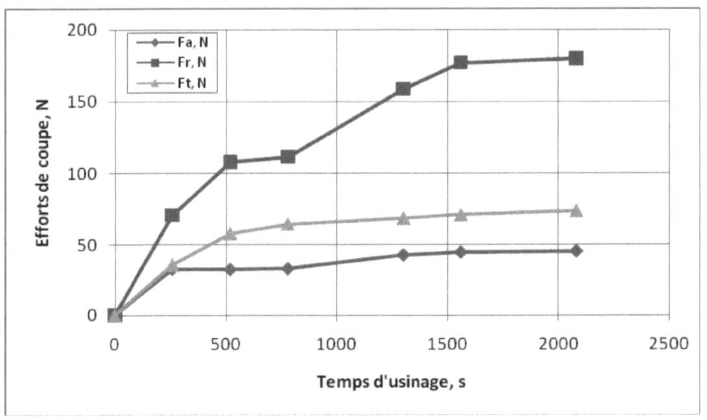

Fig. III.28. Evolution des efforts de coupe en fonction du temps d'usinage

Ces efforts atteignent les valeurs de (176,77; 70,95 et 44,64) N pour un temps d'usinage de 26 minutes. Cette variation se manifeste par une augmentation de (149,68 ; 98,90 et 36,09) %. Les trois composantes de l'effort de coupe se stabilisent relativement à un temps d'usinage de 34,67 minutes et valent (179,77; 73,68 et 45,34) N. On note aussi que pour ce régime de coupe, l'effort principal est l'effort radial et qu'il est sensiblement influencé par la variation du temps d'usinage.

III.4.4. Influence du temps d'usinage pour Vc = 180 m/min et f = 0,16 mm/tr

Les résultats obtenus sur la figure III.29 mettent en évidence l'évolution des composantes de l'effort de coupe *Fr*, *Ft* et *Fa* en fonction du temps d'usinage pour les conditions de coupe suivantes : *ap* = 0,15 mm, *Vc* = 180 m/min et *f* = 0,16 mm/tr. Les valeurs des efforts de coupe *Fr*, *Ft* et *Fa* sont de (102,54 ; 97,80 et 25,27) N à un temps d'usinage de 5 minutes. Ces valeurs deviennent (159,94 ; 102,90 et 41,75) N pour un temps d'usinage de 20 minutes. Ce qui induit un accroissement de (55,98 ; 5,21 et 65,21) %. Dans cet intervalle et pour ce régime de coupe, l'effort axial est très affecté par le temps d'usinage suivi de l'effort radial et de l'effort tangentiel. A *t* = 25 min, les efforts de coupe *Ft* et *Fa* se stabilisent légèrement et sont de (113,14 et 53,29) N alors que l'effort radial continue sa croissance et atteint la valeur de 215,98 N. Il est à signaler que quelque soit le régime de coupe, l'effort radial demeure toujours l'effort principal.

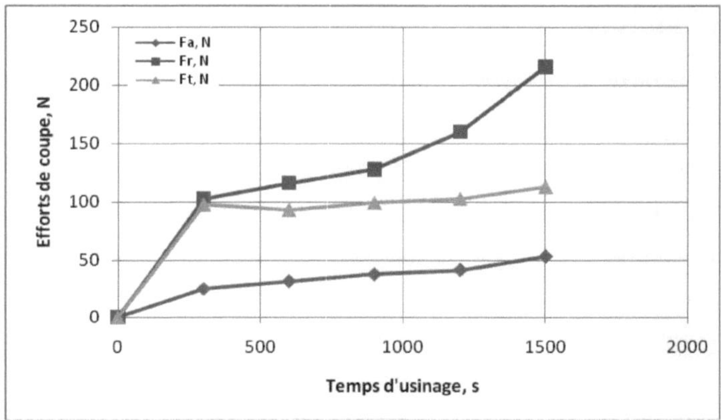

Fig. III.29. *Evolution des efforts de coupe en fonction du temps d'usinage*

III.5. Evolution des rugosités (chariotage par la céramique noire)

III.5.1. Influence du temps d'usinage pour Vc = 120 m/min et f = 0,08 mm/tr

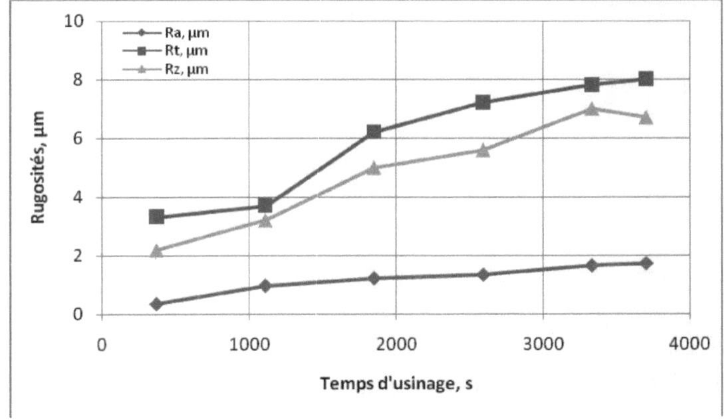

Fig. III.30. *Rugosités en fonction du temps d'usinage*

Les courbes des trois critères de rugosité (*Ra*, *Rt* et *Rz*) en fonction du temps d'usinage à f = 0,08 mm/tr ; ap = 0,15 mm et Vc = 120 m/min pour la céramique mixte CC650 sont exposées dans la figure III.30. Pour un temps d'usinage variant de 370 à

3700 secondes (6,17 à 61,67) minutes, les critères de rugosité passent de (0,35; 3,32 et 2,19) μm à (1,71; 8 et 6,7) μm. Cette variation correspond à une augmentation de (388; 141 et 206) %.

III.5.2. Influence du temps d'usinage pour Vc = 120 m/min et f = 0,16 mm/tr

La figue III.31 expose l'évolution des critères de rugosité *Ra*, *Rt* et *Rz* en fonction du temps d'usinage pour *ap* = 0,15 mm, *Vc* = 120 m/min et *f* = 0,16 mm/tr. L'analyse de l'effet du temps d'usinage sur la rugosité, montre que ce paramètre a une influence très significative, car son augmentation affecte l'usure de l'outil qui à son tour dégrade l'état de surface des pièces usinées. En pratique, les conséquences de l'influence du temps d'usinage sur la rugosité sont comme suit : l'augmentation du temps d'usinage de 3,5 à 42 min, fait accroître les trois critères de rugosité *Ra*, *Rt* et *Rz* respectivement de (261; 197,73 et 264,71) %. Il est à signaler que le temps d'usinage contribue largement à l'évolution de la rugosité.

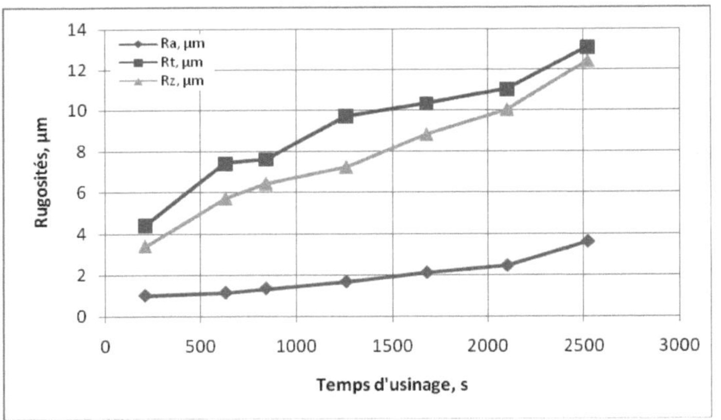

Fig. III.31. *Evolution des rugosités en fonction du temps d'usinage*

III.5.3. Influence du temps d'usinage pour Vc = 180 m/min et f = 0,08 mm/tr

Le suivi de l'influence du temps d'usinage sur l'état se surface à *ap* = 0,15 mm, *Vc* = 180 m/min et *f* = 0,08 mm/tr est présenté dans la figure III.32. Pour un temps d'usinage variant de 4,33 à 34,67 min, on enregistre une augmentation de (*Ra*, *Rt* et

Rz) respectivement de (959 ; 1228 et 1040) %. Cette augmentation est considérable, ce qui confirme que le temps d'usinage a un impact énorme sur les critères de rugosité.

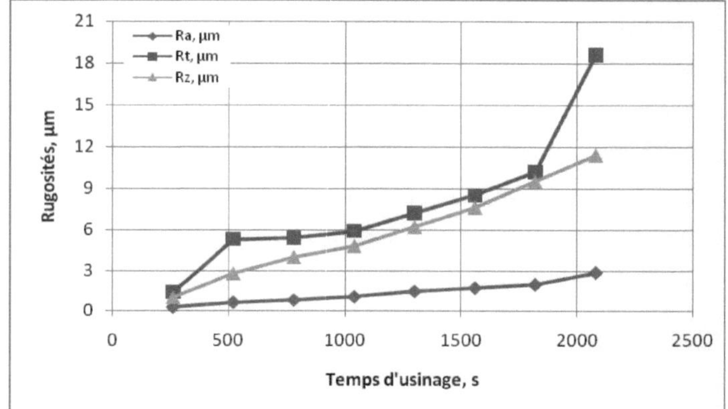

Fig. III.32. *Evolution des rugosités en fonction du temps d'usinage*

III.5.4. Influence du temps d'usinage pour Vc = 180 m/min et f = 0,16 mm/tr

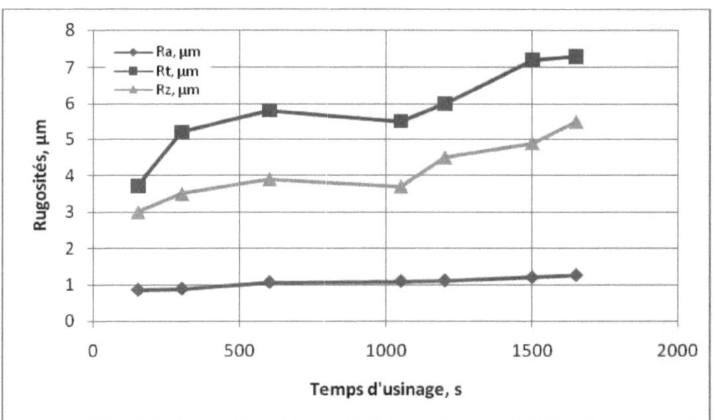

Fig. III.33. *Evolution des rugosités en fonction du temps d'usinage*

L'évolution des critères de rugosité en fonction du temps d'usinage pour *ap* = 0,15 mm, *Vc* = 180 m/min et *f* = 0,16 mm/tr est affichée dans la figure III.33. Les valeurs des trois critères de rugosité *Ra, Rt* et *Rz* sont de (0,85 ; 3,70 et 3) µm pour un temps d'usinage de 2,5 minutes. Ces valeurs augmentent lentement et atteignent (1,11 ; 7,30 et 5,50) μm à un temps d'usinage de 27,5 minutes. Ce qui se traduit par une élévation de (30,58 ; 97,29 et 83,33) %.

III.6. Conclusion

Les opérations de chariotage pratiquées sur l'acier X38CrMoV5-1, traité à 50 HRC, usiné en tournage dur à sec par les matériaux de coupe suivants : les céramiques noire Al_2O_3+TiC et composite Al_2O_3+SiC, le carbure non revêtu H13A, le carbure revêtu GC3015, le cermet non revêtu CT5015 et le cermet revêtu GC1525 nous ont permis d'évaluer les performances de ces outils de coupe en termes d'usure en dépouille, de productivité, d'efforts et pressions de coupe et de rugosité des surfaces usinées.

- Il est à noter que pour le régime de coupe suivant : Vc = 120 m/min, f = 0,08 mm/tr et ap = 0,15 mm, la productivité de la céramique Al_2O_3+TiC en termes de volume du copeau taillé est de 70560 mm^3, celle du carbure revêtu GC3015 est de 23040 mm^3. La céramique composite Al_2O_3+SiC vient en troisième position avec une productivité de 11520 mm^3 suivie du carbure non revêtu H13A avec une productivité de 6480 mm^3. Alors que la productivité du cermet non revêtu CT5015 n'est que de 2160 mm^3. Le cermet revêtu GC1525 vient en dernière position avec une productivité de 1440 mm^3.

- On remarque aussi que la durée de vie de la céramique noire Al_2O_3+TiC est largement supérieure à celles des autres outils et par conséquent elle est la plus performante en termes de résistance à l'usure, de productivité, d'efforts et de pressions de coupe générés et d'états de surfaces obtenus.

- Il est à signaler que la température est étroitement liée à la vitesse de coupe quelque soit le matériau de coupe utilisé.

Les essais de chariotage relatifs au comportement de la céramique noire Al_2O_3+TiC à la coupe nous ont permis d'étudier l'influence des conditions de coupe sur l'usure en dépouille, sur les efforts de coupe et sur la rugosité.

- le temps d'usinage et la vitesse de coupe ont un impact énorme sur l'usure en dépouille VB. Pour le régime de coupe (Vc = 120 m/min, f = 0,16 mm/tr et ap = 0,15 mm), la tenue de la céramique noire Al_2O_3+TiC est de 42 minutes alors que sa tenue se réduit à 22,5 minutes à Vc = 180 m/min, f = 0,16 mm/tr et ap =

0,15 mm. L'augmentation de la vitesse de coupe de 50% conduit à une diminution de la durée de vie de cet outil de l'ordre de 46,43%;

- l'usure en cratère *KT* de la céramique noire Al_2O_3+TiC se propage très lentement par rapport à l'usure en dépouille *VB* pour les mêmes conditions de coupe;

- les efforts de coupe sont très affectés par le temps d'usinage ;

- la rugosité est très sensible à la variation du temps d'usinage et de l'avance.

Cette étude confirme qu'en tournage dur à sec de cet acier et pour toutes les conditions de coupe testées, l'effort principal est l'effort radial et les rugosités trouvées sont proches de celles obtenues en rectification.

Chapitre IV

Etude statistique et modélisation

IV.1. Introduction

Les conditions optimales d'usinage pour un couple outil-matière donné sont difficiles à déterminer. Elles doivent être établies par une série de tests rigoureux.

C'est dans cet objectif que l'analyse statistique est menée sur le comportement des céramiques composite Al_2O_3+SiC et noire Al_2O_3+TiC en termes d'effort de coupe et de rugosité de surface à l'issue des essais de courte durée.

Quant à la modélisation de l'usure VB, de la tenue T de la céramique noire Al_2O_3+TiC et de la température maximale dans la zone de coupe, elle est introduite à la fin de ce chapitre suite aux essais de longue durée.

La détermination des modèles mathématiques des différents paramètres technologiques étudiés est faite à l'aide des logiciels Minitab15 et Design-Expert. Ces derniers sont caractérisés par l'analyse de variance (ANOVA), la régression linéaire multiple et la surface de réponse.

Tous les tableaux ANOVA relatifs aux paramètres technologiques étudiés montrent les degrés de liberté (DF), la somme des carrés (SS), les carrés moyens (MS), la probabilité (P-VAL.) et la contribution en pourcentage (Contr. %) de chaque facteur et des différentes interactions.

Une faible valeur P ($\leq 0,05$) ou niveau de confiance 95% indique que les modèles obtenus sont considérés comme statistiquement significatifs, ce qui est souhaitable. L'autre important coefficient R^2, appelé coefficient de détermination, est défini comme le rapport de la variation expliquée de la variation totale. Lorsque R^2 approche l'unité, on a une très bonne corrélation entre les résultats expérimentaux et les valeurs prédites [39-43].

IV.2. Modélisation des efforts de coupe (cas de la céramique composite Al_2O_3+SiC)

Les valeurs des composantes de l'effort de coupe présentées dans le tableau IV.1, ont été obtenues selon la matrice de planification des expériences pour un plan 3^3. On remarque que les valeurs maximales des efforts Fa, Fr et Ft ont été obtenues pour le régime de coupe suivant : $Vc = 90$ m/min, $f = 0,16$ mm/tr et $ap = 0,45$ mm (test N°9). Avec une augmentation de f et de ap, l'épaisseur du copeau devient importante ce qui cause une croissance de volume du métal déformé et cela nécessite d'énormes efforts de coupe pour tailler le copeau. Alors que leurs valeurs minimales ont été enregistrées pour les conditions suivantes : Vc = 180 m/min, f = 0,08 mm/tr et ap = 0,15 mm (test N°19). L'augmentation de la vitesse de coupe avec de faibles valeurs de f et de ap conduisent généralement à une diminution des composantes de l'effort de coupe. Ceci est dû à l'élévation de la température dans la zone de coupe qui rend le métal usiné plus plastique et par conséquent les efforts nécessaires à la coupe diminuent. Pour ce régime de coupe : ap = 0,15 mm et 0,12 mm/tr $\leq f \leq$ 0,16 mm/tr, l'effort tangentiel devient le plus important.

Facteurs						Paramètres		
Valeurs codifiées			Valeurs réelles			Composantes de l'effort de coupe		
N° Essais	X_1	X_2	X_3	Vc, m/min	f, mm/tr	ap, mm	Fa, N	Fr, N	Ft, N
1	-1	-1	-1	90	0,08	0,15	30,11	92,05	67,28
2	-1	-1	0	90	0,08	0,30	71,72	128,41	116,93
3	-1	-1	+1	90	0,08	0,45	110,99	176,72	160,84
4	-1	0	-1	90	0,12	0,15	35,38	108,58	80,19
5	-1	0	0	90	0,12	0,30	95,33	155,23	150,62
6	-1	0	+1	90	0,12	0,45	114,32	204,97	222,74
7	-1	+1	-1	90	0,16	0,15	42,25	139,67	103,36
8	-1	+1	0	90	0,16	0,30	101,87	201,37	194,47
9	-1	+1	+1	90	0,16	0,45	156,64	264,08	286,85
10	0	-1	-1	120	0,08	0,15	26,69	84,93	61,09
11	0	-1	0	120	0,08	0,30	62,97	121,29	113,58
12	0	-1	+1	120	0,08	0,45	107,95	170,30	157,94
13	0	0	-1	120	0,12	0,15	32,52	100,01	79,28
14	0	0	0	120	0,12	0,30	92,28	144,12	140,59
15	0	0	+1	120	0,12	0,45	110,01	171,41	213,32
16	0	+1	-1	120	0,16	0,15	38,23	128,98	98,74
17	0	+1	0	120	0,16	0,30	88,94	198,57	193,13
18	0	+1	+1	120	0,16	0,45	134,76	214,23	263,26
19	+1	-1	-1	180	0,08	0,15	25,34	77,86	56,92
20	+1	-1	0	180	0,08	0,30	58,49	117,48	109,93
21	+1	-1	+1	180	0,08	0,45	86,66	168,39	151,40
22	+1	0	-1	180	0,12	0,15	31,83	95,56	70,08
23	+1	0	0	180	0,12	0,30	89,42	139,13	130,06
24	+1	0	+1	180	0,12	0,45	107,61	170,52	215,50
25	+1	+1	-1	180	0,16	0,15	38,17	125,47	96,45
26	+1	+1	0	180	0,16	0,30	87,38	187,85	185,87
27	+1	+1	+1	180	0,16	0,45	131,81	211,24	245,96

***Tableau IV.1.** Efforts de coupe pour un plan 3^3 (céramique composite Al_2O_3+SiC)*

IV.2.1. ANOVA pour Fa, Fr et Ft

L'analyse détaillée des valeurs des efforts présentées dans le tableau IV.1 et des coefficients des tableaux IV.2; IV.3 et IV.4 permet de classer les trois éléments du régime de coupe et leurs interactions par ordre d'influence sur les efforts de coupe (*Fa, Fr* et *Ft*). La profondeur de passe vient en première position avec une contribution de 85,84% sur *Fa*, de 63,23% sur *Fr* et de 72,46% sur *Ft*. L'avance vient en deuxième position avec un impact de 8,42% sur *Fa*, de 29,90% sur *Fr* et 22,62% sur *Ft*. La vitesse de coupe vient en troisième position avec un effet de 1,56% sur *Fa*, de 3,42% sur *Fr* et de 0,73% sur *Ft*.

Source	DF	SS	MS	F-VAL.	P-VAL.	Contr. %
Vc	2	590,0	295,0	20,59	0,001	1,56
f	2	3181,8	1590,9	111,05	<0,001	8,42
ap	2	32448,5	16224,2	1132,50	<0,001	85,84
$Vc{\times}f$	4	140,3	35,1	2,45	0,131	0,37
$Vc{\times}ap$	4	162,4	40,6	2,83	0,098	0,43
$f{\times}ap$	4	1164,3	291,1	20,32	<0,001	3,08
Error	8	114,6	14,3			0,30
Total	26	37801,9				100

Tableau IV.2. ANOVA pour Fa

Source	DF	SS	MS	F-VAL.	P-VAL.	Contr. %
Vc	2	1925,8	962,9	17,30	0,001	3,42
f	2	16822,0	8411,0	151,14	<0,001	29,90
ap	2	35568,8	17784,4	319,58	<0,001	63,23
$Vc{\times}f$	4	239,8	59,9	1,08	0,428	0,43
$Vc{\times}ap$	4	557,6	139,4	2,50	0,125	0,99
$f{\times}ap$	4	693,2	173,3	3,11	0,080	1,24
Error	8	445,2	55,6			0,79
Total	26	56252,3				100

Tableau IV.3. ANOVA pour Fr

L'interaction (*f×ap*) a un effet significatif sur *Fa* avec un impact de 3,08% et sur *Ft* avec 3,70% mais n'a pas d'effet sur *Fr*. Les autres interactions n'ont pas un effet significatif sur les efforts de coupe.

Source	DF	SS	MS	F-VAL.	P-VAL.	Contr. %
Vc	2	815,1	407,6	8,74	0,010	0,73
f	2	25166,4	12583,2	269,76	<0,001	22,62
ap	2	80618,8	40309,4	864,16	<0,001	72,46
$Vc{\times}f$	4	75,3	18,8	0,40	0,801	0,07
$Vc{\times}ap$	4	94,8	23,7	0,51	0,732	0,09
$f{\times}ap$	4	4115,3	1028,8	22,06	<0,001	3,70
Error	8	373,2	46,6			0,33
Total	26	111258,9				100

Table IV.4. ANOVA pour Ft

IV.2.2. Analyse de régression pour Fa, Fr et Ft

L'analyse de régression des efforts de coupe (*Fa*, *Fr* et *Ft*) en fonction du régime de coupe donne les équations (3), (4) et (5) avec des coefficients de détermination R^2 respectifs de (95,5; 93,08 et 98,9) %.

$$Fa = 9{,}67 - 0{,}12Vc - 5{,}79f + 146{,}40ap + 1126{,}39f{\times}ap \quad \text{............................... (3)}$$

$$Fr = -0{,}145 - 0{,}199Vc + 741{,}708f + 295{,}8334ap \quad \text{....................................... (4)}$$

$$Ft = 26{,}04 - 0{,}14Vc + 47{,}63f + 91{,}70ap + 2953{,}19f{\times}ap \quad \text{................................. (5)}$$

Les figures IV.1; IV.2 et IV.3 illustrent les graphes des effets principaux des paramètres *Vc*, *f* et *ap* sur les efforts de coupe.

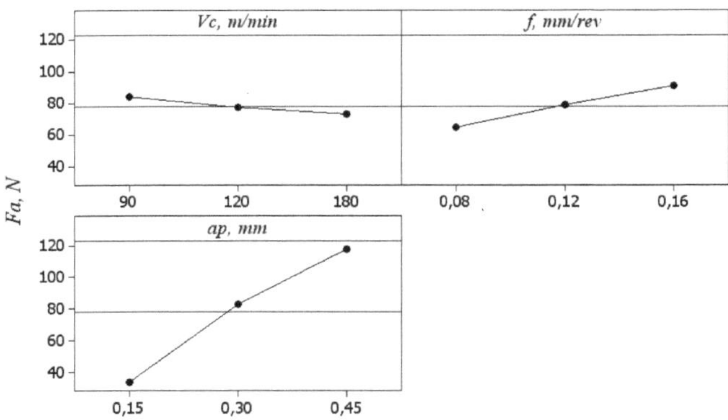

Fig. IV.1. Graphes des effets principaux sur Fa

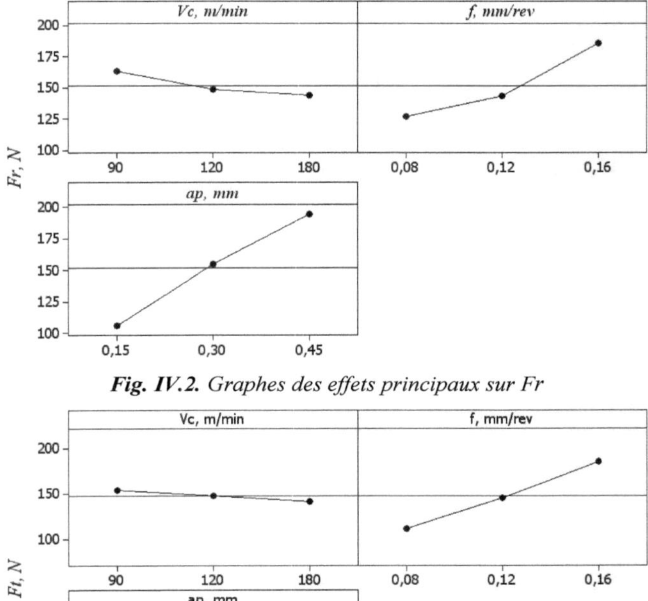

Fig. IV.2. *Graphes des effets principaux sur Fr*

Fig. IV.3. *Graphes des effets principaux sur Ft*

Les figures IV.4 (a, b, c, d, e et f) montrent l'impact des paramètres *Vc*, *f* et *ap* et leurs degrés d'influence sur l'évolution de efforts de coupe *Fa*, *Fr* et *Ft*. Effectivement, la profondeur de passe est le facteur le plus pondérant suivie de l'avance. La vitesse de coupe vient en dernière position.

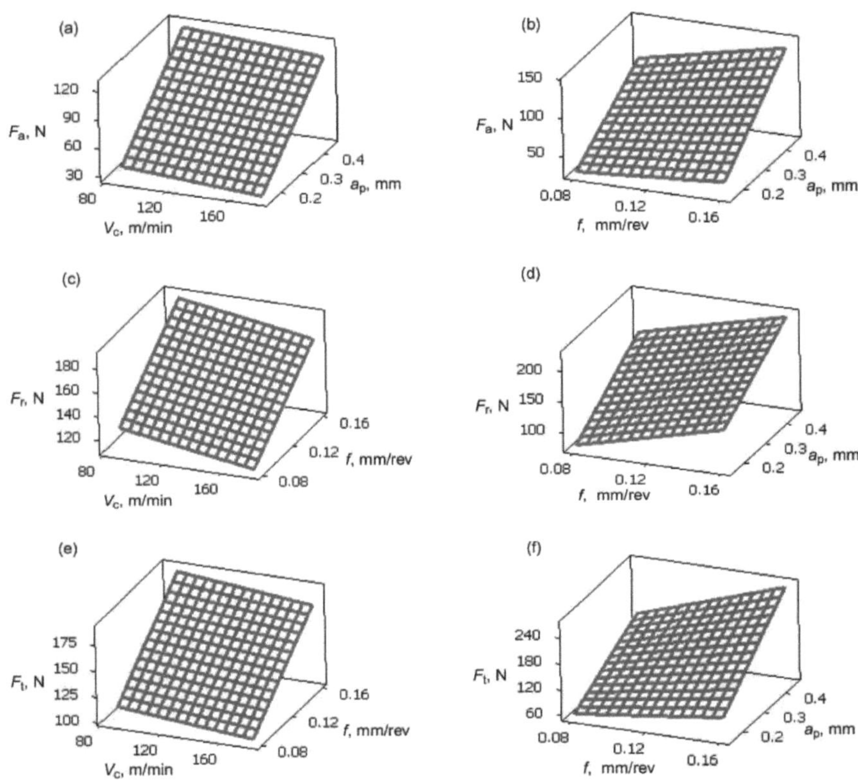

Fig. IV.4. *Evolution des efforts de coupe en fonction du régime de coupe*

Les figures IV.5; IV.6 et IV.7 montrent respectivement les graphes de Pareto des composantes de l'effort de coupe (*Fa, Fr* et *Ft*). Ces trois graphes classent les facteurs de coupe et leurs interactions suivant leurs influences décroissantes sur les paramètres technologiques étudiés. En effet la profondeur de passe a une influence considérable sur ces trois composantes et particulièrement sur l'effort axial. L'avance vient en deuxième position. Quant à la vitesse de coupe et les différentes interactions, leurs effets sont moins importants.

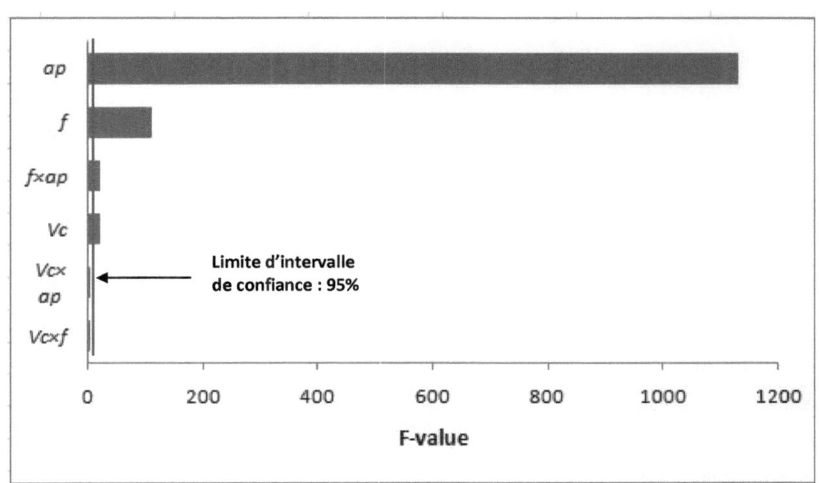

Fig. IV.5. *Graphe de Pareto des effets des paramètres de coupe sur Fa*

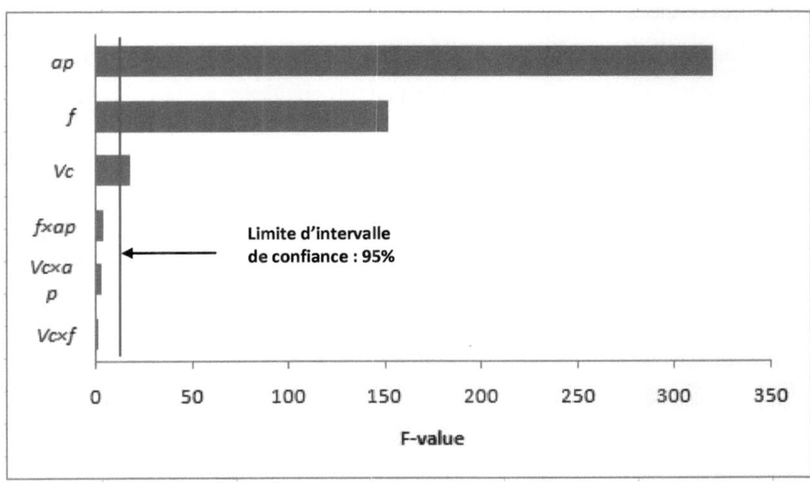

Fig. IV.6. *Graphe de Pareto des effets des paramètres de coupe sur Fr*

101

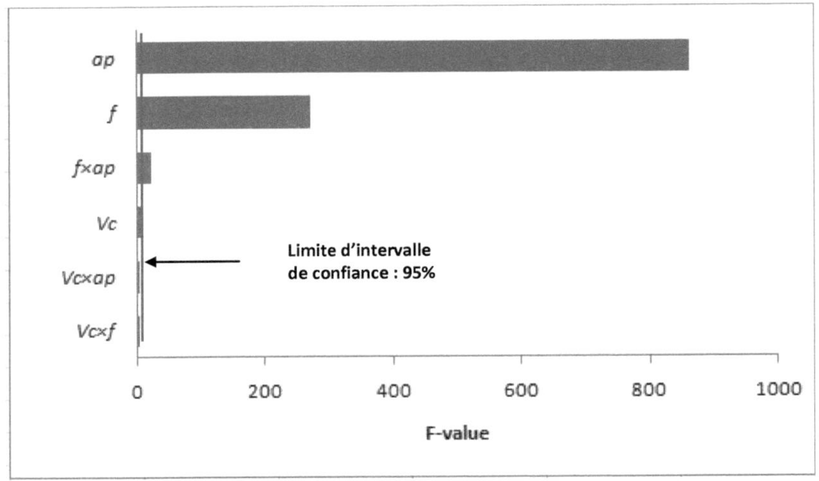

Fig. IV.7. Graphe de Pareto des effets des paramètres de coupe sur Ft

Les graphes des contours des composantes de l'effort de coupe sont présentés dans les figures IV.8 à IV.16. Les grandes valeurs des efforts de coupe sont obtenues pour les grandes profondeurs de passe, les grandes avances et les faibles vitesses de coupe.

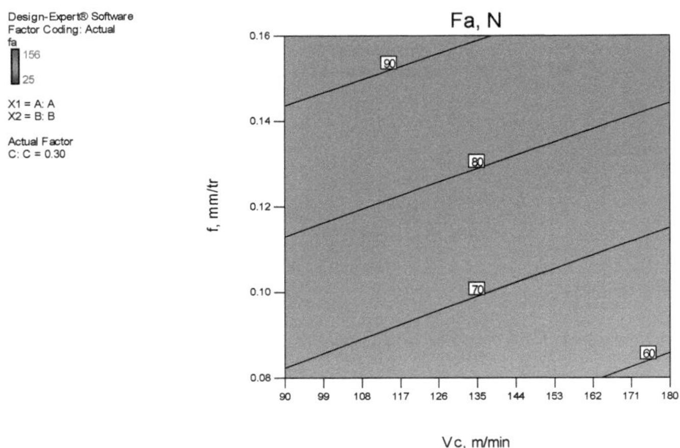

Fig. IV.8. Graphe des contours de Fa en fonction de Vc et f

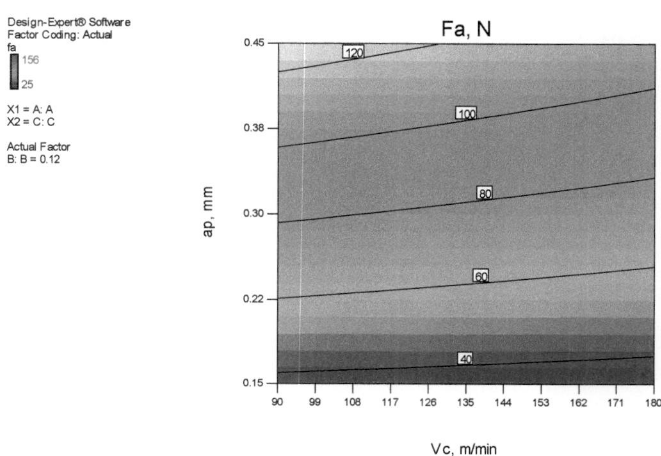

Fig. IV.9. *Graphe des contours de Fa en fonction de Vc et ap*

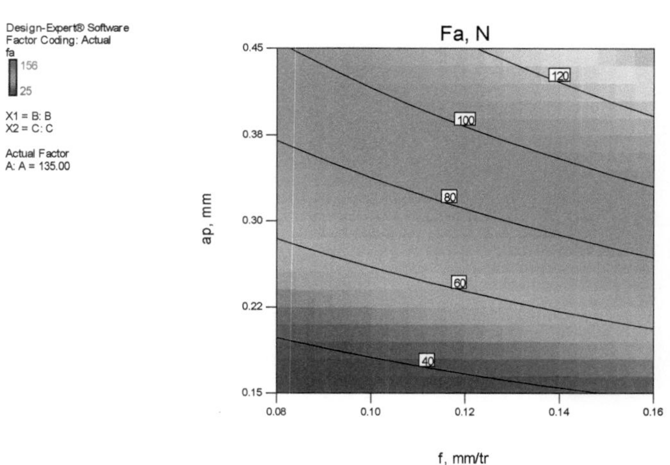

Fig. IV.10. *Graphe des contours de Fa en fonction de f et ap*

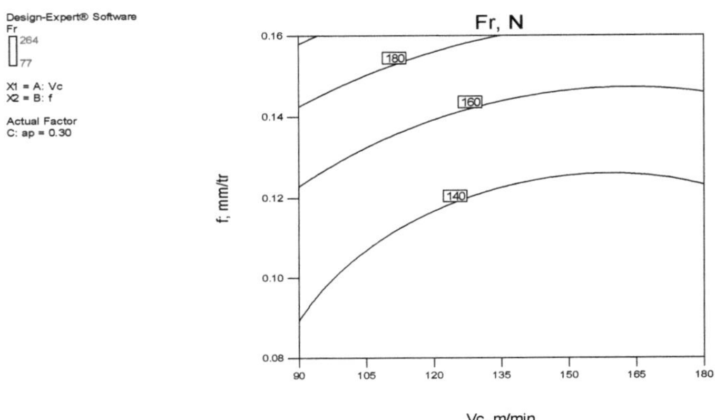

Fig. IV.11. *Graphe des contours de Fr en fonction de Vc et f*

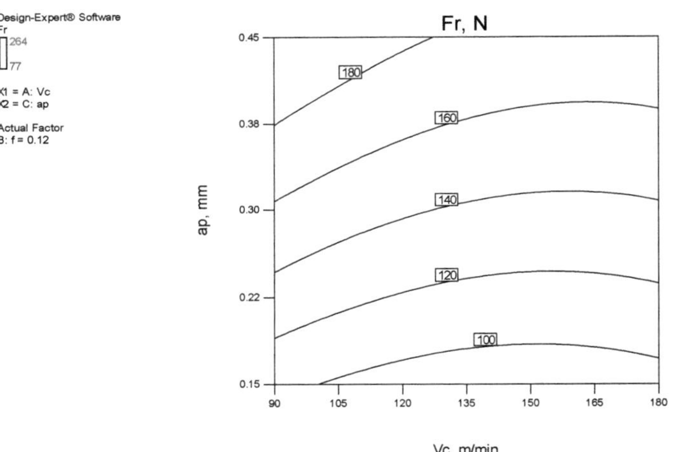

Fig. IV.12. *Graphe des contours de Fr en fonction de Vc et ap*

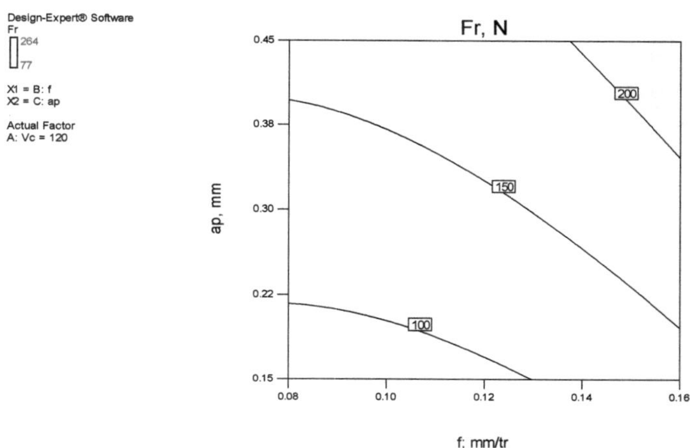

Fig. IV.13. *Graphe des contours de Fr en fonction de f et ap*

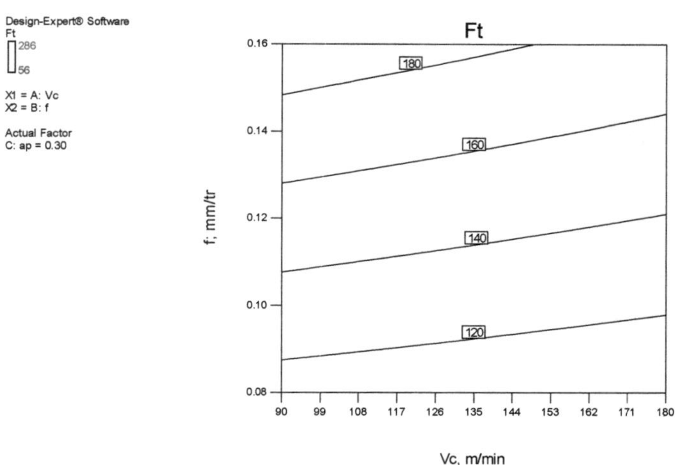

Fig. IV.14. *Graphe des contours de Ft en fonction de Vc et f*

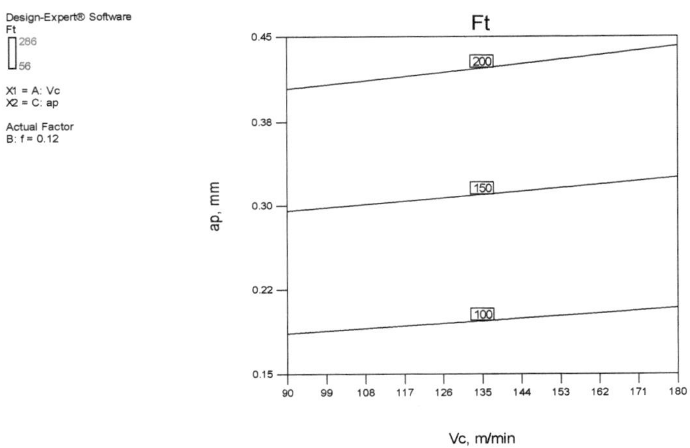

Fig. IV.15. Graphe des contours de Ft en fonction de Vc et ap

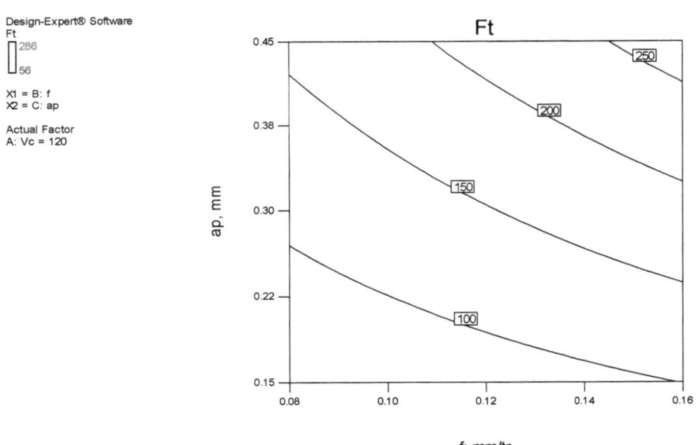

Fig. IV.16. Graphe des contours de Ft en fonction de f et ap

La comparaison entre les valeurs réelles et les valeurs prédites de ces trois composantes (*Fa*, *Fr* et *Ft*) est illustrée dans les figures IV.17; IV.18 et IV.19. On remarque qu'il y a une bonne corrélation entre ces deux valeurs.

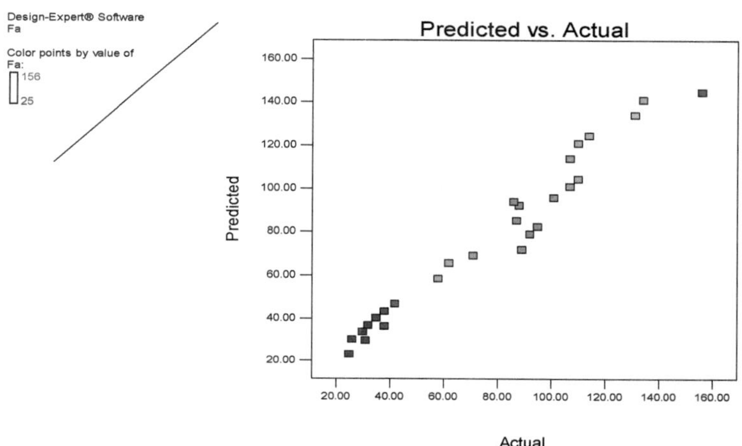

Fig. IV.17. *Valeurs réelles et prédites de Fa*

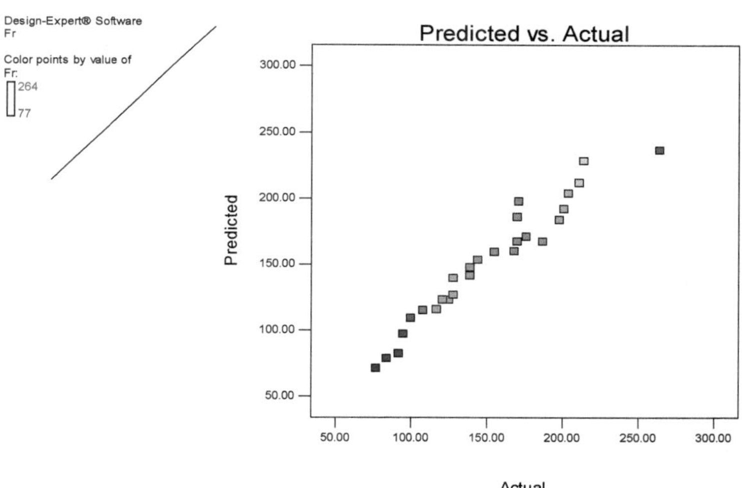

Fig. IV.18. *Valeurs réelles et prédites de Fr*

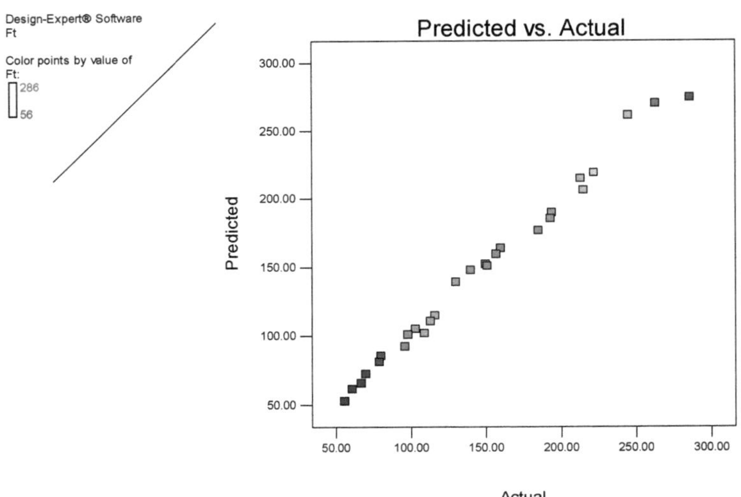

Fig. IV.19. *Valeurs réelles et prédites de Ft*

IV.3. Modélisation des rugosités (cas de la céramique composite Al$_2$O$_3$+SiC)

Les valeurs des critères de rugosité présentées dans le tableau IV.5, ont été obtenues suite aux différentes combinaisons des éléments du régime de coupe (matrice de planification des expériences pour un plan 3^3).

N° Essais	X_1	X_2	X_3	Vc, m/min	f, mm/tr	ap, mm	Ra, μm	Rt, μm	Rz, μm
1	-1	-1	-1	90	0,08	0,15	0,45	2,78	1,70
2	-1	-1	0	90	0,08	0,30	0,44	2,80	1,81
3	-1	-1	+1	90	0,08	0,45	0,46	3,01	1,89
4	-1	0	-1	90	0,12	0,15	0,54	3,63	2,16
5	-1	0	0	90	0,12	0,30	0,56	3,67	2,21
6	-1	0	+1	90	0,12	0,45	0,51	3,74	2,30
7	-1	+1	-1	90	0,16	0,15	0,75	4,86	3,94
8	-1	+1	0	90	0,16	0,30	0,77	4,89	3,97
9	-1	+1	+1	90	0,16	0,45	0,71	4,91	4,06
10	0	-1	-1	120	0,08	0,15	0,44	2,70	1,60
11	0	-1	0	120	0,08	0,30	0,43	2,79	1,69
12	0	-1	+1	120	0,08	0,45	0,42	2,81	1,75
13	0	0	-1	120	0,12	0,15	0,53	3,22	2,14
14	0	0	0	120	0,12	0,30	0,49	3,30	2,19
15	0	0	+1	120	0,12	0,45	0,52	3,41	2,25
16	0	+1	-1	120	0,16	0,15	0,69	4,79	3,87
17	0	+1	0	120	0,16	0,30	0,70	4,82	3,90
18	0	+1	+1	120	0,16	0,45	0,68	4,90	3,99
19	+1	-1	-1	180	0,08	0,15	0,43	2,69	1,58
20	+1	-1	0	180	0,08	0,30	0,43	2,75	1,63
21	+1	-1	+1	180	0,08	0,45	0,40	2,83	1,72
22	+1	0	-1	180	0,12	0,15	0,51	3,18	2,11
23	+1	0	0	180	0,12	0,30	0,46	3,25	2,22
24	+1	0	+1	180	0,12	0,45	0,47	3,33	2,24
25	+1	+1	-1	180	0,16	0,15	0,59	4,43	3,67
26	+1	+1	0	180	0,16	0,30	0,57	4,56	3,71
27	+1	+1	+1	180	0,16	0,45	0,64	4,74	3,78

Tableau IV.5. Critères de la rugosité pour un plan 3^3 (céramique composite Al$_2$O$_3$+SiC)

IV.3.1. ANOVA pour Ra, Rt et Rz

L'analyse détaillée des valeurs des rugosités présentées dans le tableau IV.5 et des coefficients des tableaux IV.6; IV.7 et IV.8 permet de classer les trois éléments du régime de coupe et leurs interactions par ordre d'influence sur les trois critères de rugosité (*Ra, Rt* et *Rz*). L'avance vient en première position avec une contribution de 85,70% sur *Ra*, de 96,57% sur *Rt* et de 98,95% sur *Rz*. La vitesse de coupe vient en deuxième position avec un impact de 8,12% sur *Ra*, de 1,91% sur *Rt* et de 0,45% sur *Rz*. La profondeur de passe a un effet secondaire sur la rugosité. L'interaction ($Vc \times f$) a un effet significatif sur *Rt* avec un impact de 0,78% et sur *Rz* avec 0,23% mais n'a pas d'effet sur *Ra*. Les autres interactions n'ont pas un effet significatif sur les trois critères de rugosité étudiés.

Source	DF	SS	MS	F-VAL.	P-VAL.	Contr. %
Vc	2	0,026674	0,013337	18,23	0,001	8,12
f	2	0,281341	0,140670	192,31	<0,001	85,70
ap	2	0,000830	0,000415	0,57	0,588	0,25
Vc×f	4	0,011081	0,002770	3,79	0,052	3,38
Vc×ap	4	0,001793	0,000448	0,61	0,665	0,55
ap×f	4	0,000726	0,000181	0,25	0,903	0,22
Error	8	0,005852	0,000731			1,78
Total	26	0,328296				100

Tableau IV.6. *ANOVA pour Ra*

Source	DF	SS	MS	F-VAL.	P-VAL.	Contr. %
Vc	2	0,3616	0,1808	58,64	<0,001	1,91
f	2	18,2904	9,1452	2966,01	<0,001	96,57
ap	2	0,1106	0,0553	17,93	0,001	0,58
Vc×f	4	0,1476	0,0369	11,96	0,002	0,78
Vc×ap	4	0,0056	0,0014	0,46	0,766	0,03
ap×f	4	0,0002	0,0001	0,02	0,999	0,01
Error	8	0,0247	0,0031			0,12
Total	26	18,9407				100

Tableau IV.7. *ANOVA pour Rt*

Source	DF	SS	MS	F-VAL.	P-VAL.	Contr. %
Vc	2	0,1059	0,529	178,09	<0,001	0,45
f	2	23,2570	11,6285	39123,85	<0,001	98,95
ap	2	0,0815	0,0407	137,08	<0,001	0,35
Vc×f	4	0,0542	0,0136	45,63	<0,001	0,23
Vc×ap	4	0,0008	0,0002	0,65	0,640	0,00
ap×f	4	0,0028	0,0007	2,32	0,145	0,01
Error	8	0,0024	0,0003			0,01
Total	26	23,5045				100

Tableau IV.8. *ANOVA pour Rz*

IV.3.2. Analyse de régression pour Ra, Rt et Rz

L'analyse de régression des trois critères de rugosité (*Ra*, *Rt* et *Rz*) en fonction du régime de coupe donne les équations (6), (7) et (8) avec des coefficients de détermination R^2 respectifs de (88,90; 93,87 et 89,25) %.

$$Ra = 0,29571 - 0,00084Vc + 3,05556f - 0,04444ap \ \dots\dots\dots\dots\dots\dots\dots\dots \ (6)$$

$$Rt = 0,4347 + 0,0009Vc + 28,7530f + 0,5185ap - 0,316 \ Vc \times f \ \dots\dots\dots\dots \ (7)$$

$$Rz = -0,8639 + 0,0006Vc + 29,4970f + 0,4481ap - 0,0184Vc \times f \ \dots\dots\dots\dots \ (8)$$

Les figures IV.20; IV.21 et IV.22 illustrent les graphes des effets principaux des paramètres *Vc*, *f* et *ap* sur les trois critères de rugosité.

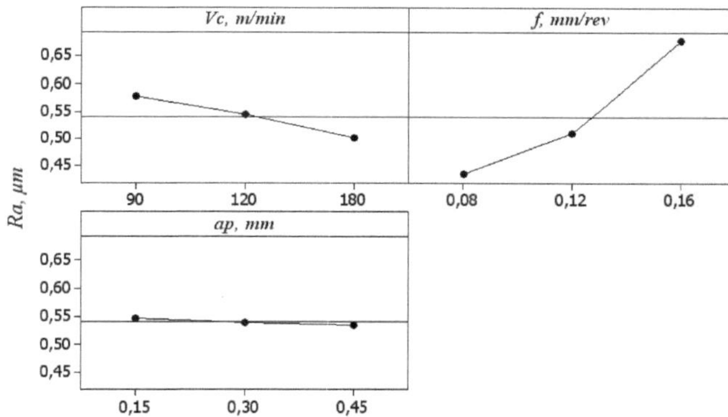

Fig. IV.20. *Graphes des effets principaux sur Ra*

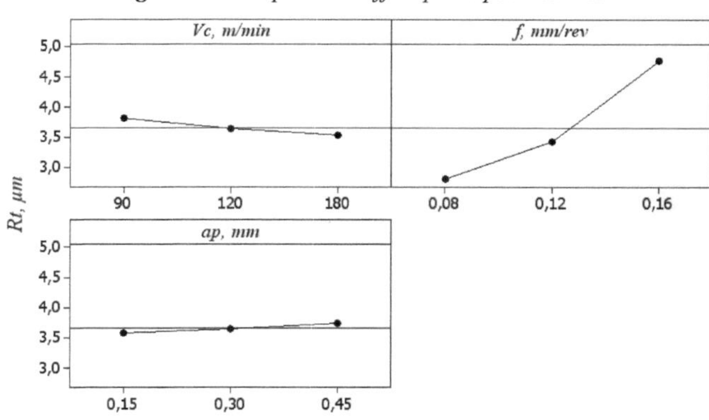

Fig. IV.21. *Graphes des effets principaux sur Rt*

111

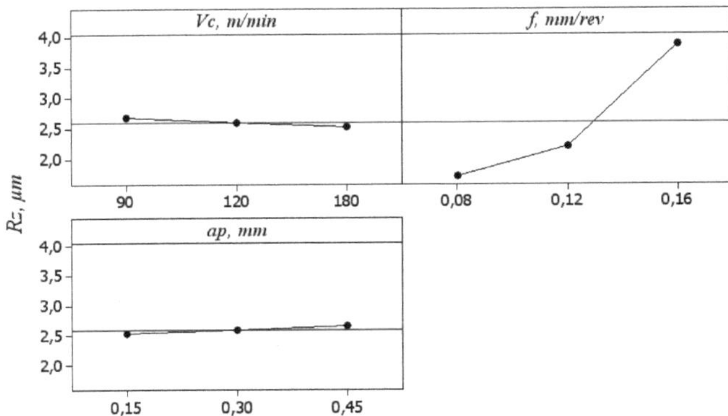

Fig. IV.22. *Graphes des effets principaux sur Rz*

Les figures IV.23 (a, b, c, d, e et f) montrent l'impact des paramètres Vc, f et ap et leurs degrés d'influence sur l'évolution des trois critères de rugosité Ra, Rt et Rz. En effet, l'avance est le paramètre le plus important suivie de la vitesse de coupe. La profondeur de passe n'a pratiquement aucun effet sur les rugosités.

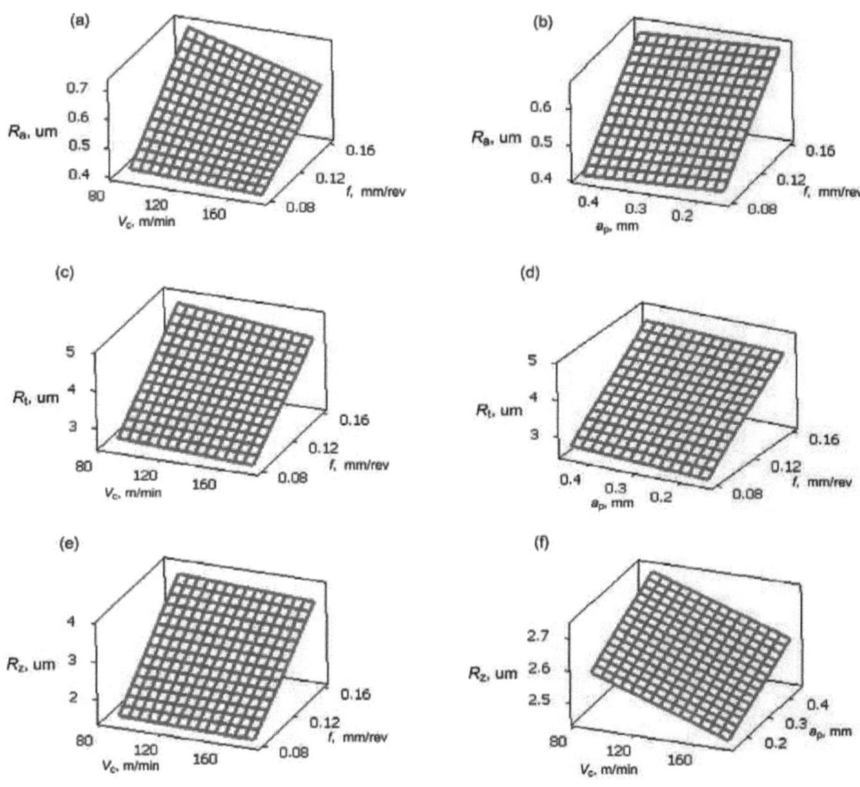

***Fig. IV.23.** Evolution de la rugosité en fonction du régime de coupe*

Les figures IV.24; IV.25 et IV.26 montrent respectivement les graphes de Pareto des critères de rugosité (*Ra*, *Rt* et *Rz*). Ces trois graphes confirment que l'avance a un impact considérable sur ces trois critères. La vitesse de coupe vient en deuxième position. Quant à la profondeur de passe et les différentes interactions, leurs effets sont moins importants. On remarque que l'influence des éléments du régime de coupe et leurs interactions a été classée par ordre décroissant.

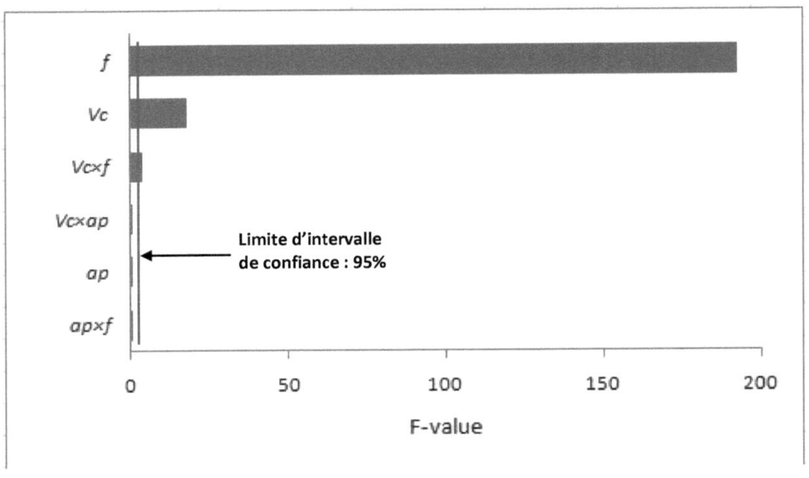

Fig. IV.24. *Graphe de Pareto des effets des paramètres de coupe sur Ra*

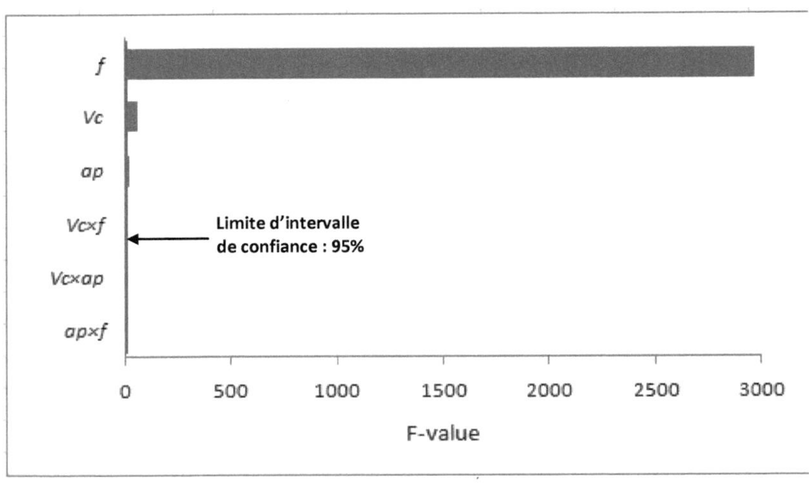

Fig. IV.25. *Graphe de Pareto des effets des paramètres de coupe sur Rt*

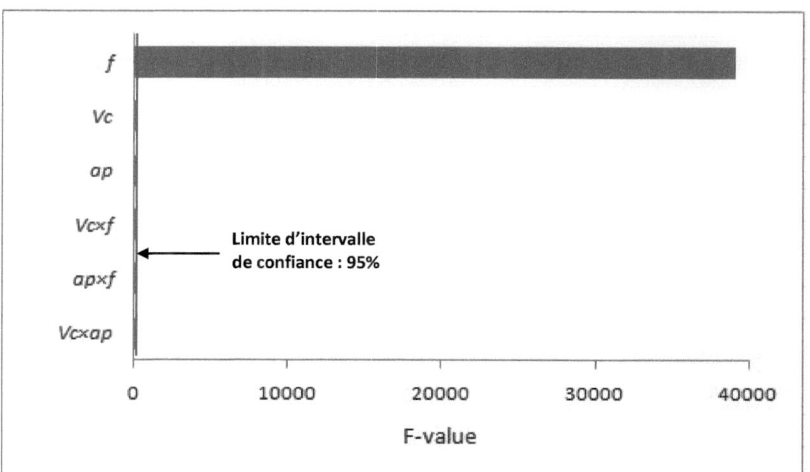

Fig. IV.26. *Graphe de Pareto des effets des paramètres de coupe sur Rz*

Les graphes des contours de ces critères de rugosité sont présentés dans les figures (IV.27 à IV.35). Les grandes valeurs des rugosités sont obtenues pour les grandes avances.

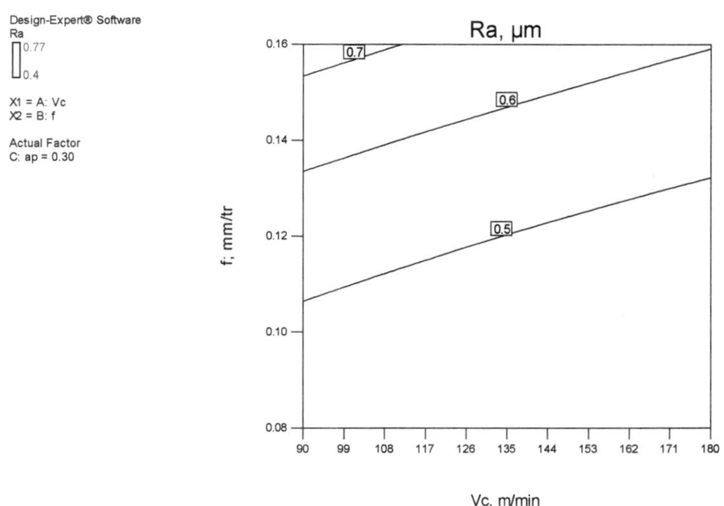

Fig. IV.27. *Graphe des contours de Ra en fonction de Vc et f*

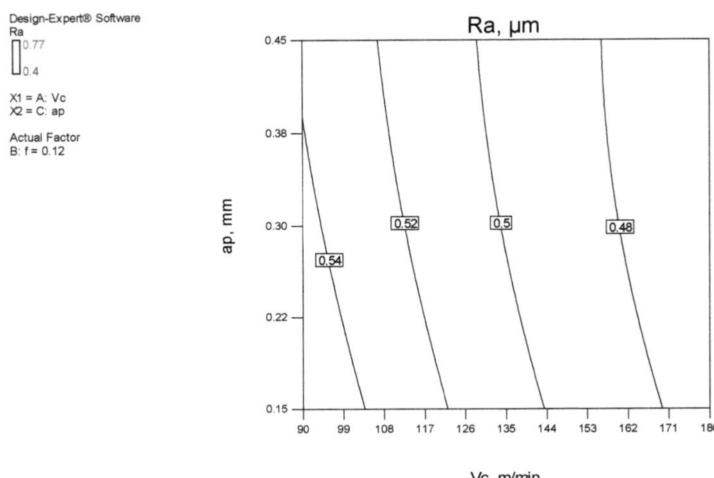

Fig. IV.28. *Graphe des contours de Ra en fonction de Vc et ap*

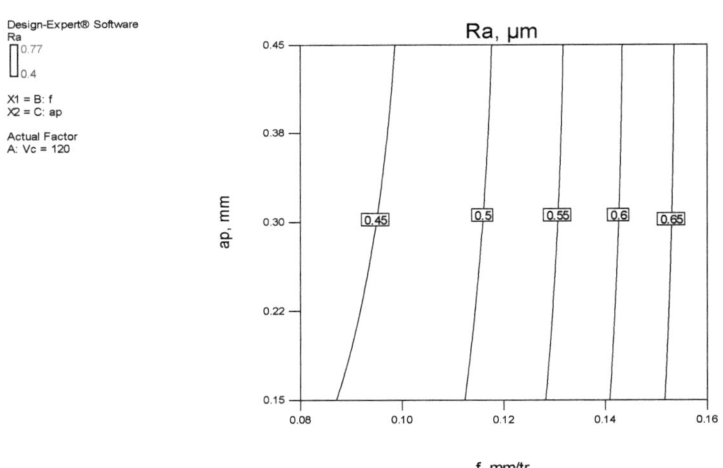

Fig. IV.29. *Graphe des contours de Ra en fonction de f et ap*

116

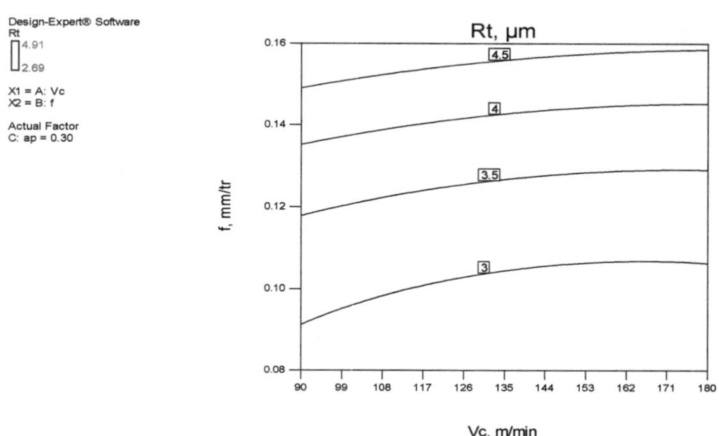

Fig. IV.30. *Graphe des contours de Rt en fonction de Vc et f*

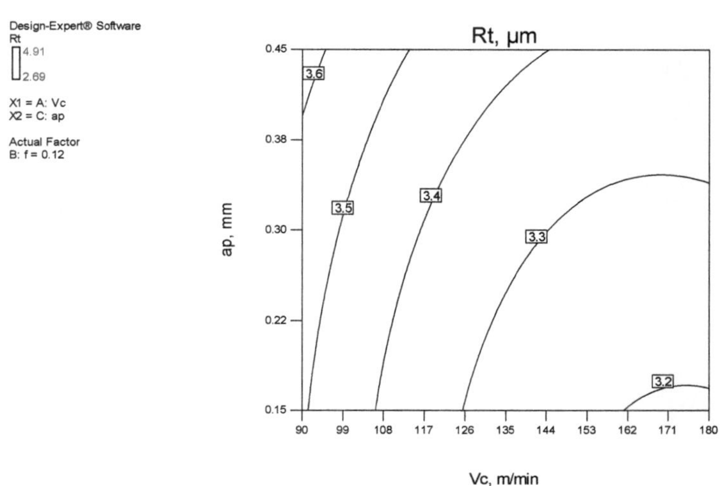

Fig. IV.31. *Graphe des contours de Rt en fonction de Vc et ap*

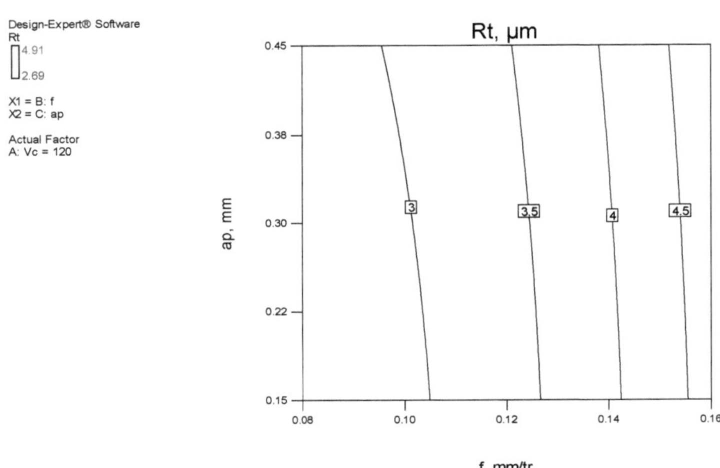

Fig. IV.32. *Graphe des contours de Rt en fonction de f et ap*

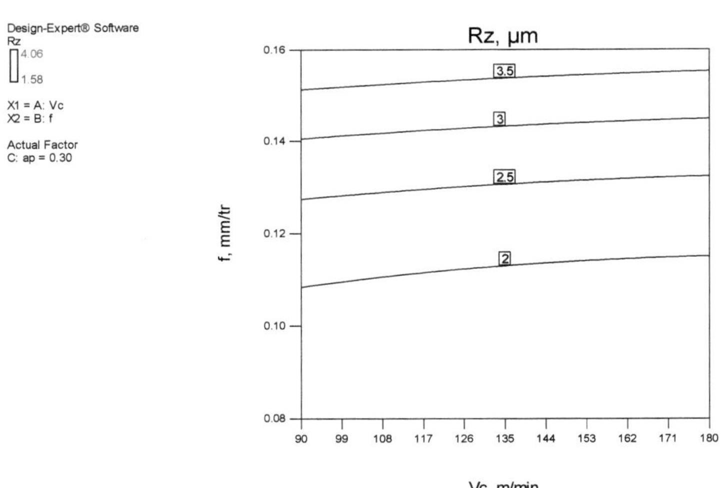

Fig. IV.33. *Graphe des contours de Rz en fonction de Vc et f*

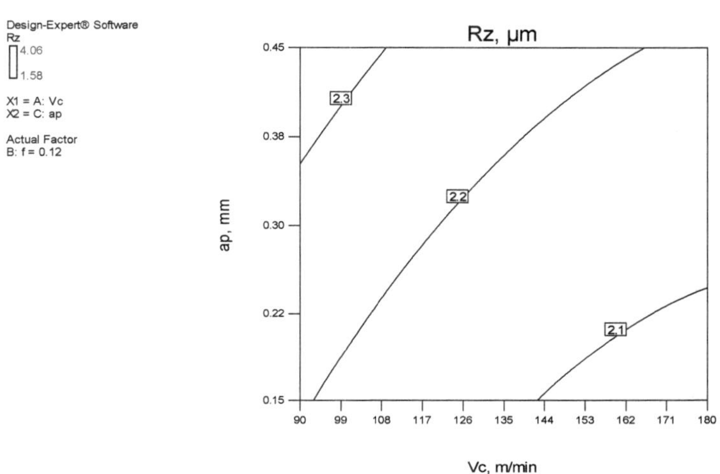

Fig. IV.34. *Graphe des contours de Rz en fonction de Vc et ap*

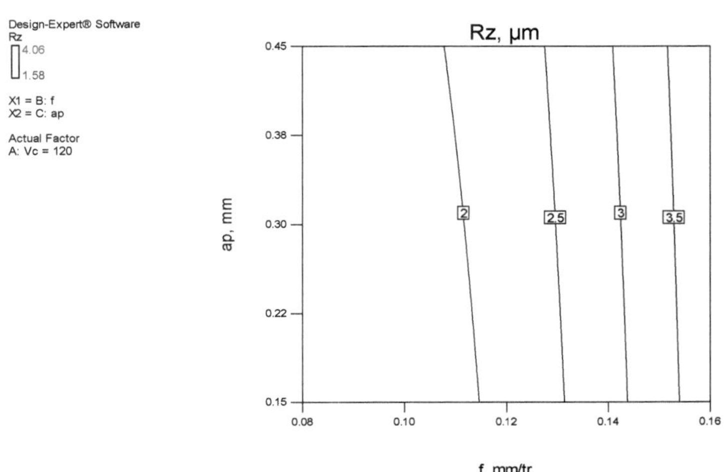

Fig. IV.35. *Graphe des contours de Rz en fonction de f et ap*

La comparaison entre les valeurs réelles et les valeurs prédites des trois critères de rugosité est illustrée dans les figures IV.36; IV.37 et IV.38. On remarque qu'il y a une bonne corrélation entre ces deux valeurs.

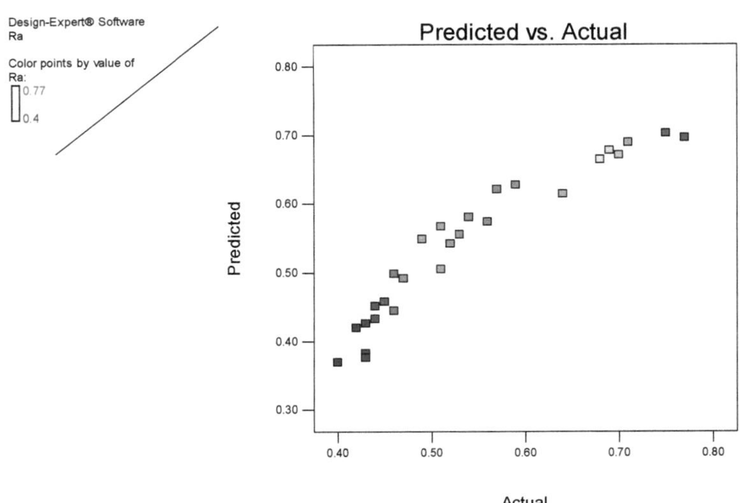

Fig. IV.36. *Valeurs réelles et prédites de Ra*

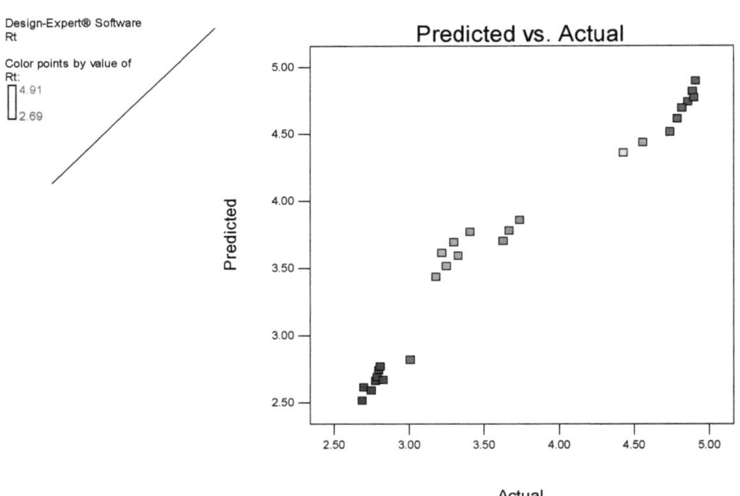

Fig. IV.37. *Valeurs réelles et prédites de Rt*

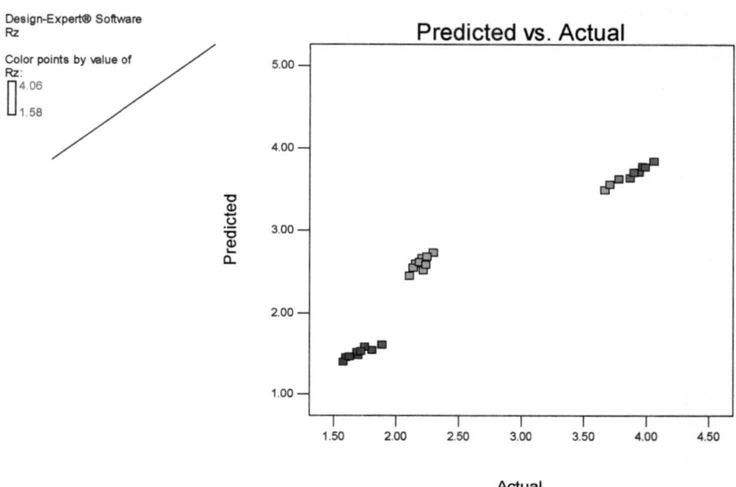

Fig. IV.38. *Valeurs réelles et prédites de Rz*

IV.4. Modélisation des efforts de coupe (cas de la céramique Al$_2$O$_3$+TiC)

Les résultats expérimentaux des composantes de l'effort de coupe présentés dans le tableau IV.9 montrent que les valeurs maximales des efforts de coupe ont été obtenues pour les conditions de coupe suivantes : Vc = 90 m/min, f = 0,16 mm/tr et ap = 0,45 mm (test N°9). Tandis que leurs valeurs minimales ont été enregistrées à Vc = 180 m/min, f = 0,08 mm/tr et ap = 0,15 mm (test N°19). Pour f = 0,16 mm/tr et 0,30 mm $\leq$ $ap \leq$ 0,45 mm, l'effort tangentiel devient le plus prépondérant.

	Facteurs						Paramètres		
	Valeurs codifiées			Valeurs réelles			Composantes de l'effort de coupe		
N° Essais	X_1	X_2	X_3	Vc, m/min	f, mm/tr	ap, mm	Fa, N	Fr, N	Ft, N
1	-1	-1	-1	90	0,08	0,15	30,25	89,67	70,67
2	-1	-1	0	90	0,08	0,30	66,75	139,24	130,84
3	-1	-1	+1	90	0,08	0,45	130,72	182,79	176,33
4	-1	0	-1	90	0,12	0,15	32,71	100,45	80,40
5	-1	0	0	90	0,12	0,30	85,64	157,54	146,43
6	-1	0	+1	90	0,12	0,45	138,19	197,73	221,68
7	-1	+1	-1	90	0,16	0,15	35,03	115,96	107,11
8	-1	+1	0	90	0,16	0,30	90,32	174,44	176,97
9	-1	+1	+1	90	0,16	0,45	142,63	217,70	266,34
10	0	-1	-1	120	0,08	0,15	29,34	83,21	58,59
11	0	-1	0	120	0,08	0,30	66,27	134,47	124,92
12	0	-1	+1	120	0,08	0,45	106,26	162,77	158,60
13	0	0	-1	120	0,12	0,15	32,69	93,22	79,61
14	0	0	0	120	0,12	0,30	74,64	142,64	136,18
15	0	0	+1	120	0,12	0,45	122,67	180,75	209,37
16	0	+1	-1	120	0,16	0,15	34,13	104,96	96,02
17	0	+1	0	120	0,16	0,30	76,13	161,92	169,61
18	0	+1	+1	120	0,16	0,45	132,60	211,49	238,10
19	+1	-1	-1	180	0,08	0,15	27,68	70,57	50,58
20	+1	-1	0	180	0,08	0,30	64,05	120,92	105,85
21	+1	-1	+1	180	0,08	0,45	101,46	143,15	152,45
22	+1	0	-1	180	0,12	0,15	29,24	92,30	64,74
23	+1	0	0	180	0,12	0,30	66,33	127,26	117,06
24	+1	0	+1	180	0,12	0,45	117,09	169,37	172,71
25	+1	+1	-1	180	0,16	0,15	33,26	101,77	85,37
26	+1	+1	0	180	0,16	0,30	70,27	147,58	168,65
27	+1	+1	+1	180	0,16	0,45	117,09	179,62	234,16

Tableau IV.9. *Efforts de coupe pour un plan 3^3 (céramique noire Al$_2$O$_3$+TiC)*

IV.4.1. ANOVA pour Fa, Fr et Ft

L'analyse détaillée des valeurs des efforts présentées dans le tableau IV.9 et des coefficients des tableaux IV.10; IV.11 et IV.12 permet de classer les trois éléments du régime de coupe et leurs interactions par ordre d'influence sur les efforts de coupe (*Fa,*

Fr et *Ft*). La profondeur de passe vient en première position avec une contribution de 94,22% sur *Fa*, de 81,14% sur *Fr* et de 77,84% sur *Ft*. L'avance vient en deuxième position avec un impact de 1,72% sur *Fa*, de 10,69% sur *Fr* et de 16,15% sur *Ft*. La vitesse de coupe vient en troisième position avec un effet de 2,23% sur *Fa*, de 6,39% sur *Fr* et de 3,06% sur *Ft*. L'interaction (*f×ap*) a un effet significatif sur *Ft* avec un impact de 2,06%. L'interaction (*Vc×ap*) a un effet significatif sur *Fa* avec un impact de 1,02% et de 0,85% sur *Fr*. Les autres interactions n'ont pas un effet significatif sur les efforts de coupe.

Source	DF	SS	MS	F-VAL.	P-VAL.	Contr. %
Vc	2	894,6	447,3	22,87	<0,001	2,23
f	2	692,3	346,1	17,70	0,001	1,72
ap	2	37852,3	18926,2	967,82	<0,001	94,22
$Vc×f$	4	20,4	5,1	0,26	0,895	0,05
$Vc×ap$	4	408,6	102,1	5,22	0,023	1,02
$f×ap$	4	147,9	37,0	1,89	0,206	0,37
Error	8	156,4	19,6			0,39
Total	26	40172,6				100

***Tableau IV.10.** Analyse de la variance ANOVA pour Fa*

Source	DF	SS	MS	F-VAL.	P-VAL.	Contr. %
Vc	2	2771,9	1385,9	61,69	<0,001	6,39
f	2	4636,0	2318,0	103,18	<0,001	10,69
ap	2	35201,9	17601,0	783,45	<0,001	81,14
$Vc×f$	4	45,5	11,4	0,51	0,733	0,10
$Vc×ap$	4	370,7	92,7	4,12	0,042	0,85
$f×ap$	4	177,1	44,3	1,97	0,192	0,41
Error	8	179,7	22,5			0,42
Total	26	43382,8				100

***Tableau IV.11.** Analyse de la variance ANOVA pour Fr*

Source	DF	SS	MS	F-VAL.	P-VAL.	Contr. %
Vc	2	2821,0	1410,5	36,83	<0,001	3,06
f	2	14893,1	7446,5	194,46	<0,001	16,15
ap	2	71793,2	35896,6	937,42	<0,001	77,84
$Vc×f$	4	268,4	67,1	1,75	0,231	0,29
$Vc×ap$	4	249,3	62,3	1,63	0,258	0,27
$f×ap$	4	1898,9	474,7	12,40	0,002	2,06
Error	8	306,3	38,3			0,33
Total	26	92230,1				100

***Tableau IV.12.** Analyse de la variance ANOVA pour Ft*

IV.4.2. Analyse de régression pour Fa, Fr et Ft

L'analyse de régression de *Fa*, *Fr* et *Ft* donne les équations (9), (10) et (11) avec des coefficients de détermination R^2 respectifs de (98,2; 98,1 et 98,3) %.

$$Fa = -44,85 + 0,09Vc + 150,94f + 405,84ap - 0,77Vc{\times}ap \quad\text{.............................(9)}$$

$$Fr = 8,087 - 0,027Vc + 400,903f + 398,584ap - 0,806Vc{\times}ap \quad\text{......................... (10)}$$

$$Ft = 35,21 - 0,27Vc + 119,19f + 183,38ap + 1980,00f{\times}ap \quad\text{.............................. (11)}$$

Les figures IV.39; IV.40 et IV.41 illustrent les graphes des effets principaux des paramètres *Vc*, *f* et *ap* sur les efforts de coupe.

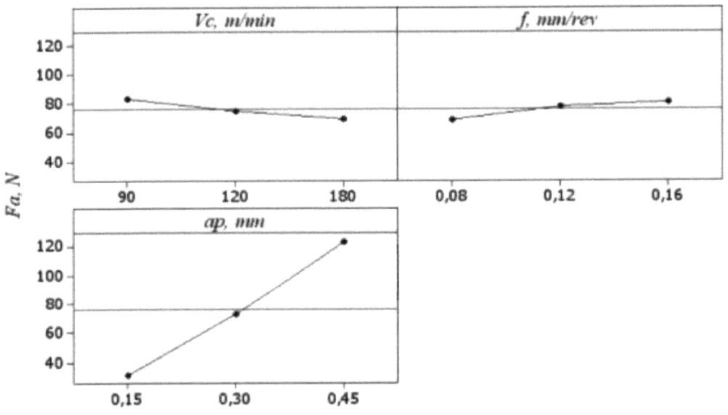

Fig. IV.39. *Graphes des effets principaux de Fa*

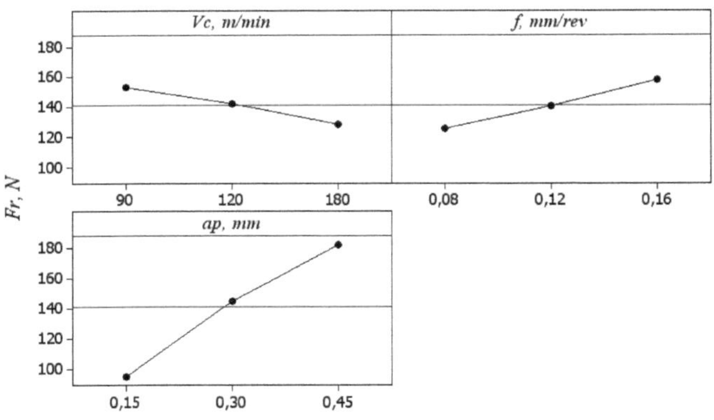

Fig. IV.40. *Graphes des effets principaux de Fr*

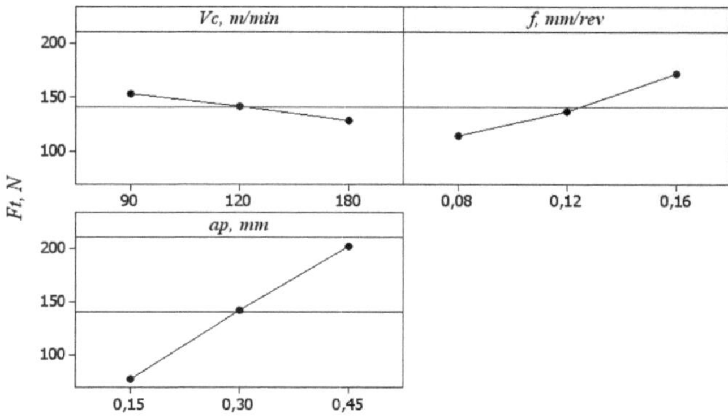

Fig. IV.41. Graphes des effets principaux de Ft

Les figures IV.42; IV.43 et IV.44 montrent l'impact des paramètres Vc, f et ap et leurs degrés d'influence sur l'évolution de efforts de coupe Fa, Fr et Ft. Effectivement, la profondeur de passe est le facteur le plus pondérant suivie de l'avance. La vitesse de coupe vient en dernière position.

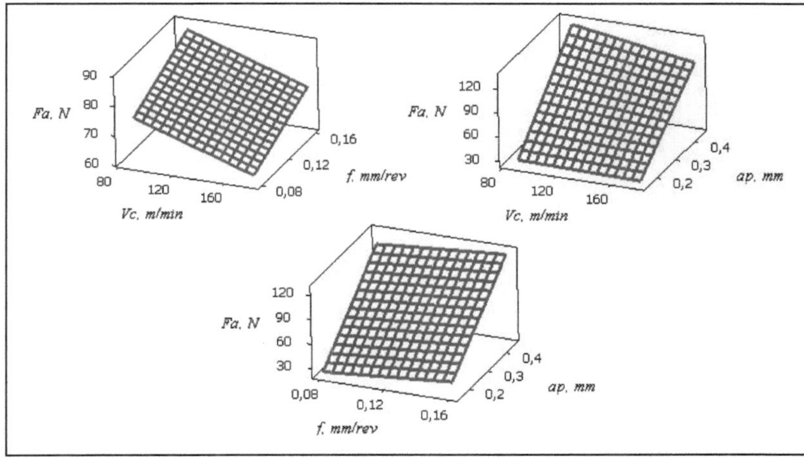

Fig. IV.42. Evolution de l'effort axial Fa en fonction du régime de coupe

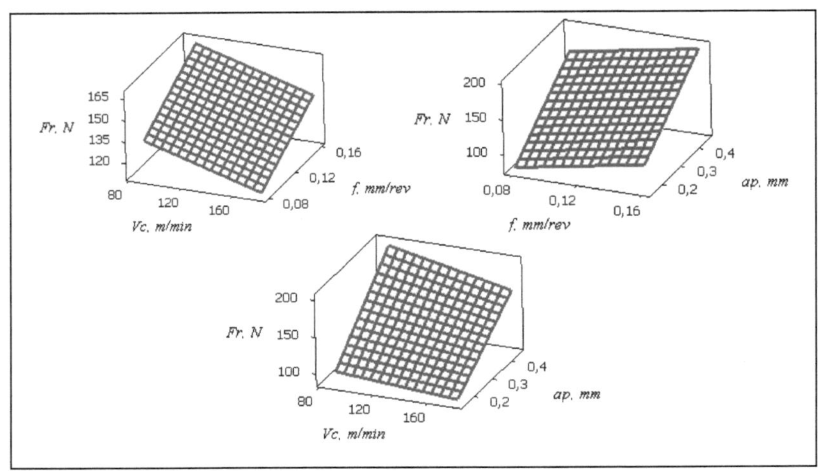

Fig. IV.43. *Evolution de l'effort radial Fr en fonction du régime de coupe*

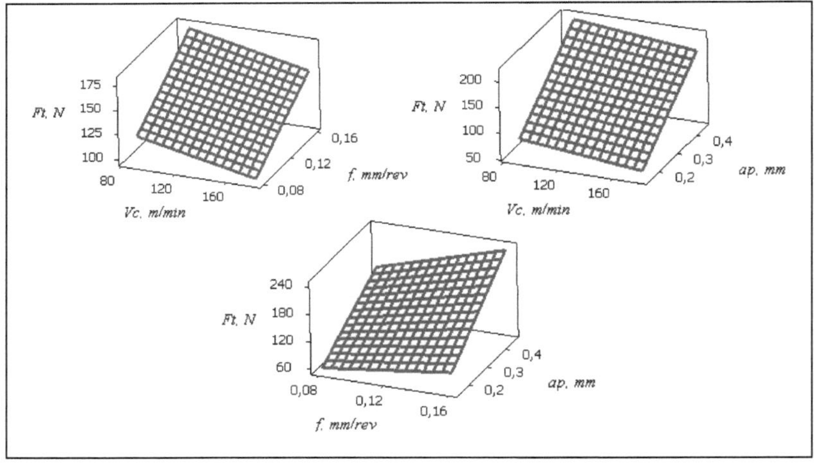

Fig. IV.44. *Evolution de l'effort tangentiel Ft en fonction du régime de coupe*

Les figures IV.45; IV.46 et IV.47 montrent respectivement les graphes de Pareto des composantes de l'effort de coupe (*Fa, Fr* et *Ft*). La profondeur de passe a une influence considérable sur ces trois composantes.

126

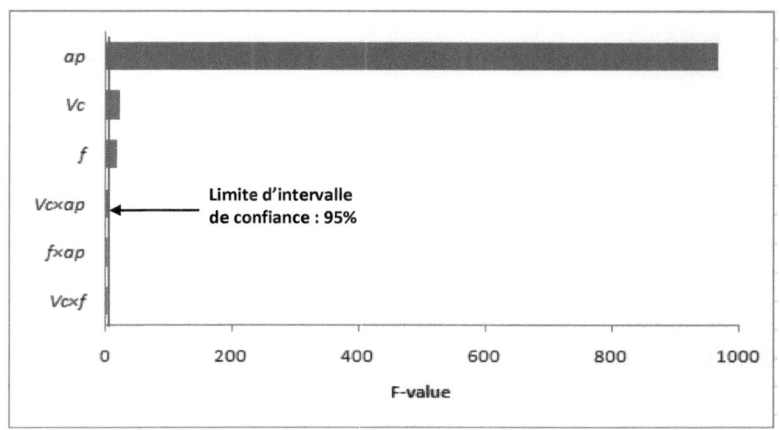

Fig. IV.45. *Graphe de Pareto des effets des paramètres de coupe sur Fa*

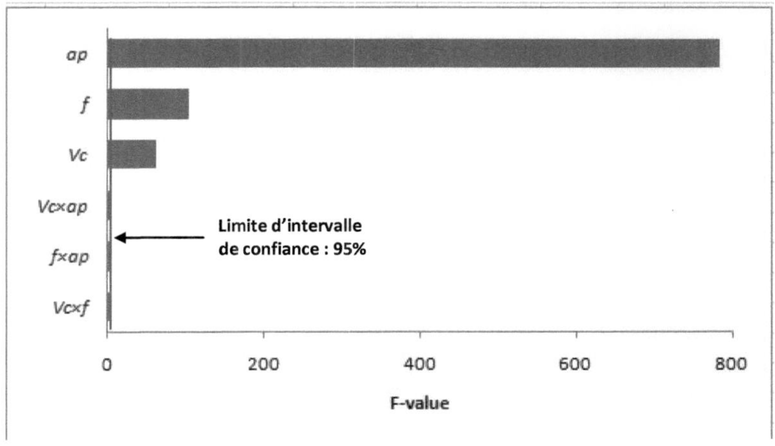

Fig. IV.46. *Graphe de Pareto des effets des paramètres de coupe sur Fr*

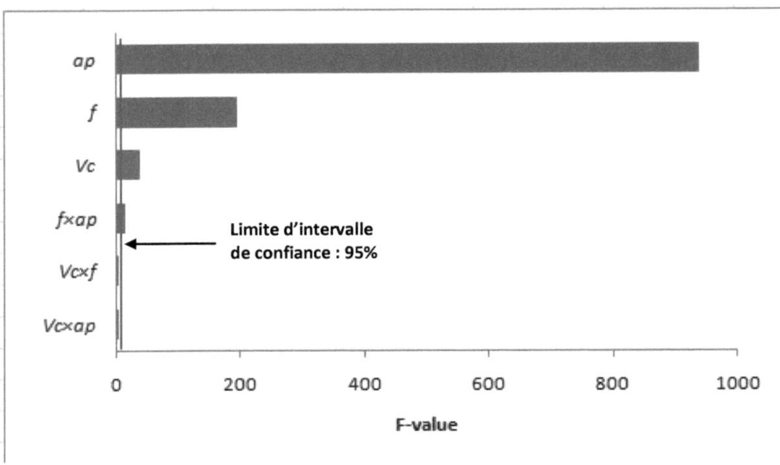

Fig. IV.47. Graphe de Pareto des effets des paramètres de coupe sur Ft

Les figures (IV.48 à IV.56) montrent les effets des différents paramètres de coupe sur les trois composantes de l'effort de coupe par les graphes des contours.

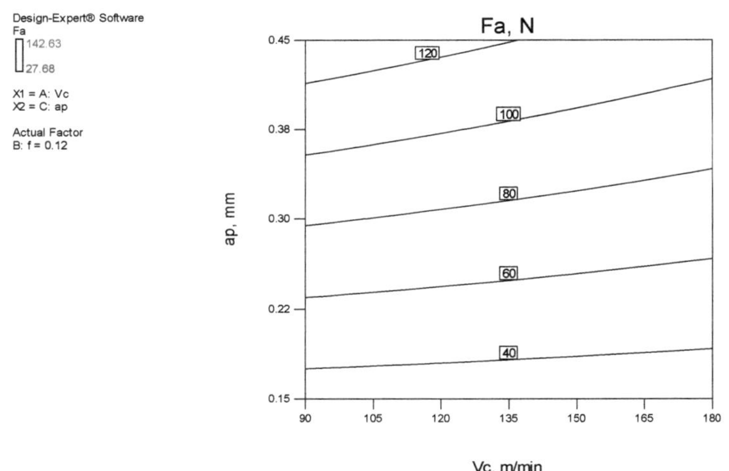

Fig. 48. Graphe des contours de Fa en fonction de Vc et ap

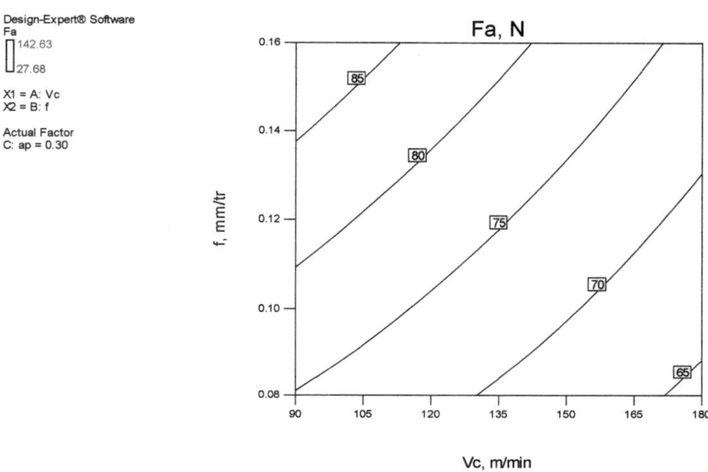

Fig. 49. *Graphe des contours de Fa en fonction de Vc et f*

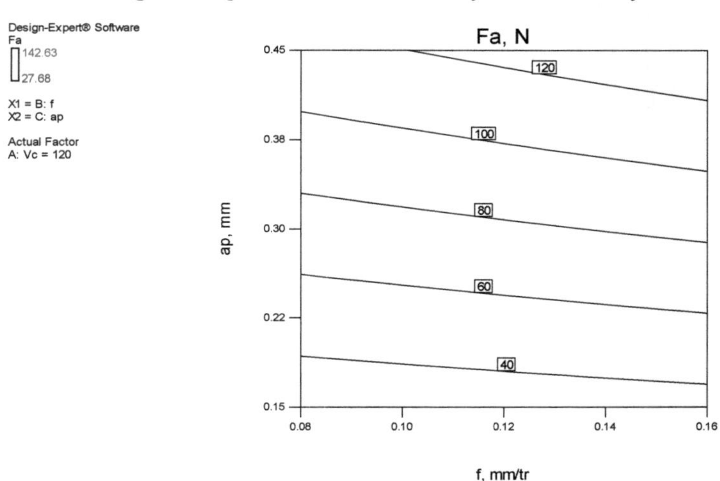

Fig. 50. *Graphe des contours de Fa en fonction de f et ap*

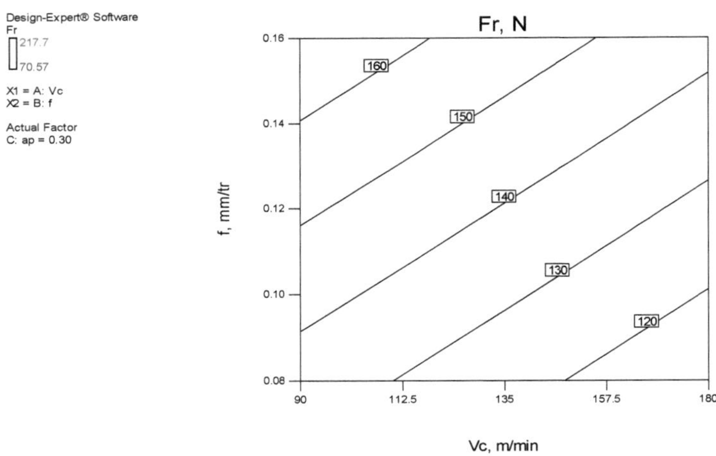

Fig. IV.51. *Graphe des contours de Fr en fonction de Vc et f*

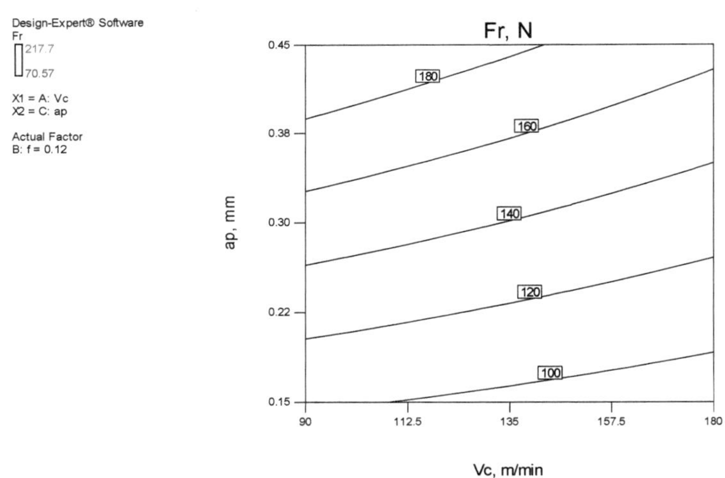

Fig. IV.52. *Graphe des contours de Fr en fonction de Vc et ap*

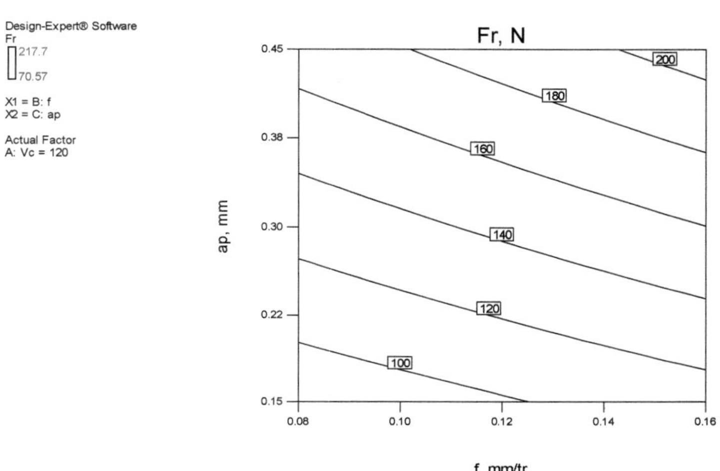

Fig. IV.53. *Graphe des contours de Fr en fonction de f et ap*

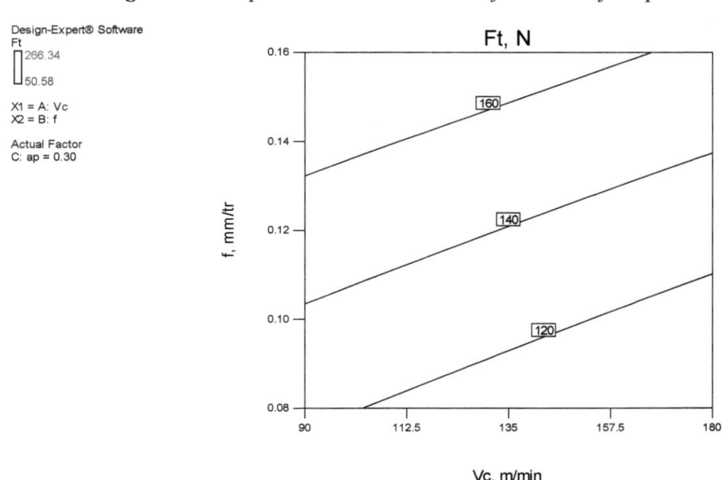

Fig. IV.54. *Graphe des contours de Ft en fonction de Vc et f*

131

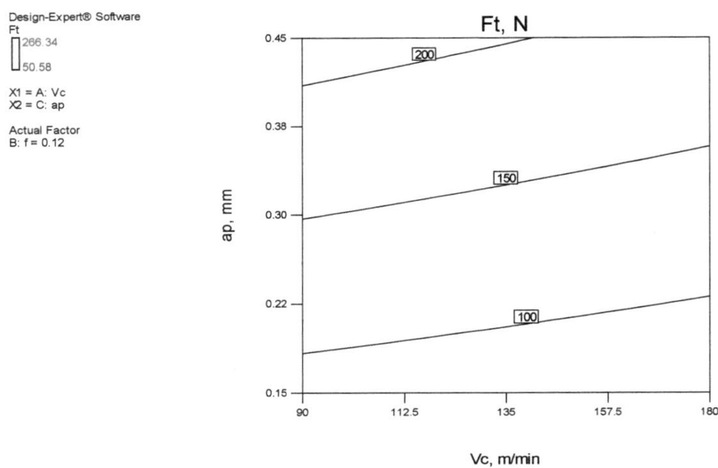

Fig. IV.55. Graphe des contours de Ft en fonction de Vc et ap

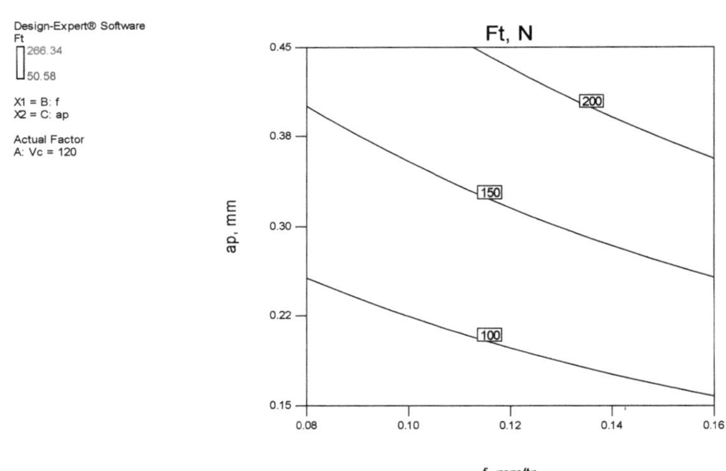

Fig. IV.56. Graphe des contours de Ft en fonction de f et ap

Les figures IV.57; IV.58 et IV.59 présentent la comparaison entre les valeurs réelles et les valeurs prédites des trois composantes de l'effort de coupe. On remarque qu'il y a une bonne corrélation entre ces deux valeurs.

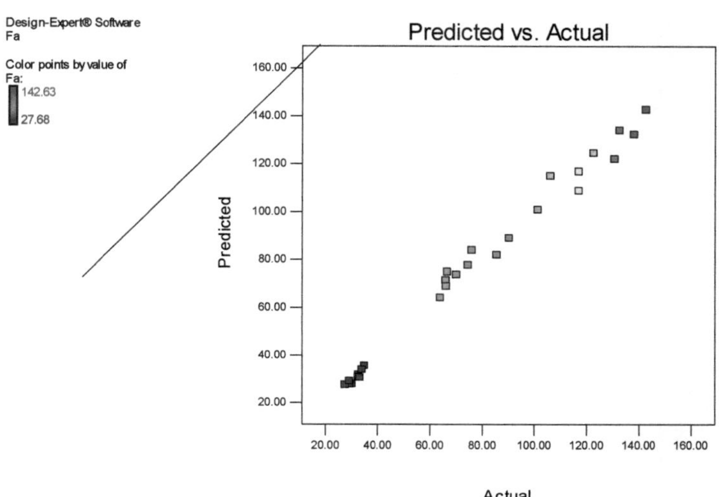

Fig. IV.57. *Valeurs réelles et prédites de Fa*

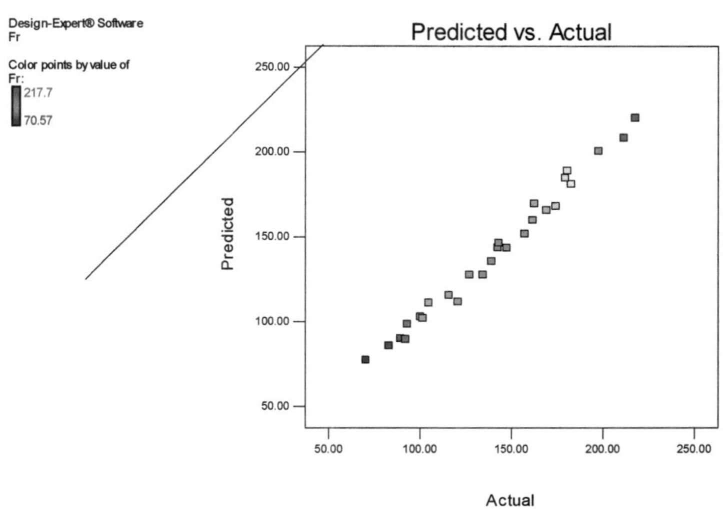

Fig. IV.58. *Valeurs réelles et prédites de Fr*

133

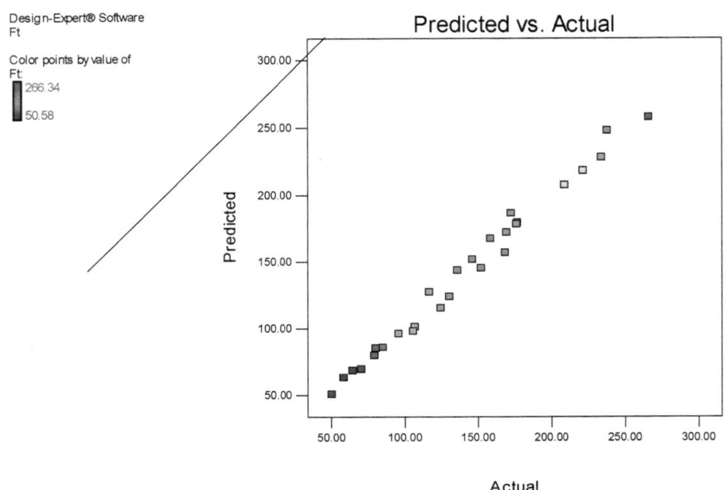

Fig. IV.59. *Valeurs réelles et prédites de Ft*

IV.5. Modélisation des rugosités (cas de la céramique Al₂O₃+TiC)

Les valeurs des critères de rugosité présentées dans le tableau IV.13, ont été obtenues suite aux différentes combinaisons des éléments du régime de coupe (matrice de planification des expériences pour un plan 3^3).

N° Essais	Valeurs codifiées			Valeurs réelles			Critères de la rugosité		
	X_1	X_2	X_3	Vc, m/min	f, mm/tr	ap, mm	Ra, µm	Rt, µm	Rz, µm
1	-1	-1	-1	90	0,08	0,15	0,41	3,44	2,36
2	-1	-1	0	90	0,08	0,30	0,43	3,47	2,39
3	-1	-1	+1	90	0,08	0,45	0,44	3,48	2,40
4	-1	0	-1	90	0,12	0,15	0,53	3,95	3,11
5	-1	0	0	90	0,12	0,30	0,55	3,99	3,15
6	-1	0	+1	90	0,12	0,45	0,56	4,02	3,16
7	-1	+1	-1	90	0,16	0,15	0,69	4,50	3,81
8	-1	+1	0	90	0,16	0,30	0,71	4,56	3,84
9	-1	+1	+1	90	0,16	0,45	0,72	4,59	3,88
10	0	-1	-1	120	0,08	0,15	0,35	3,32	2,19
11	0	-1	0	120	0,08	0,30	0,40	2,67	2,44
12	0	-1	+1	120	0,08	0,45	0,41	3,07	2,33
13	0	0	-1	120	0,12	0,15	0,46	3,54	2,95
14	0	0	0	120	0,12	0,30	0,49	3,59	2,97
15	0	0	+1	120	0,12	0,45	0,51	3,60	2,99
16	0	+1	-1	120	0,16	0,15	0,56	3,75	3,50
17	0	+1	0	120	0,16	0,30	0,59	3,97	3,45
18	0	+1	+1	120	0,16	0,45	0,62	4,16	3,55
19	+1	-1	-1	180	0,08	0,15	0,30	2,80	2,10
20	+1	-1	0	180	0,08	0,30	0,33	2,82	2,12
21	+1	-1	+1	180	0,08	0,45	0,34	2,85	2,15
22	+1	0	-1	180	0,12	0,15	0,43	3,36	2,73
23	+1	0	0	180	0,12	0,30	0,46	3,40	2,76
24	+1	0	+1	180	0,12	0,45	0,47	3,41	2,78
25	+1	+1	-1	180	0,16	0,15	0,54	3,67	3,37
26	+1	+1	0	180	0,16	0,30	0,56	3,76	3,36
27	+1	+1	+1	180	0,16	0,45	0,58	3,81	3,38

***Tableau IV.13.** Critères de la rugosité pour un plan 3^3 (céramique noire Al₂O₃+TiC)*

IV.5.1. ANOVA pour Ra, Rt et Rz

L'analyse détaillée des valeurs des rugosités présentées dans le tableau IV.13 et des coefficients des tableaux IV.14; IV.15 et IV.16 permet de classer les trois éléments du régime de coupe et leurs interactions par ordre d'influence sur les trois critères de rugosité (*Ra, Rt* et *Rz*). L'avance vient en première position avec une contribution de 77,61% sur *Ra*, de 63,03% sur *Rt* et de 91,14% sur *Rz*. La vitesse de coupe vient en deuxième position avec un impact de 18,05% sur *Ra*, de 31,73% sur *Rt* et de 7,52% sur *Rz*. La profondeur de passe a un effet secondaire sur la rugosité. L'interaction (*Vc×f*) a un effet significatif sur *Ra* avec un impact de 1,63% et sur *Rz* avec 0,80%. L'interaction (*Vc×ap*) a un effet significatif sur *Ra* avec un impact de 0,17%. Les autres interactions n'ont pas un effet significatif sur les trois critères de rugosité étudiés.

Source	DF	SS	MS	F-VAL.	P-VAL.	Contr. %
Vc	2	0,060289	0,030144	2170,40	<0,001	18,05
f	2	0,259267	0,129633	9333,60	<0,001	77,61
ap	2	0,008289	0,004144	298,40	<0,001	2,48
Vc×f	4	0,005444	0,001361	98,00	<0,001	1,63
Vc×ap	4	0,000556	0,000139	10,00	0,003	0,17
ap×f	4	0,000111	0,000028	2,00	0,187	0,03
Error	8	0,000111	0,000014			0,03
Total	26	0,334067				100

Tableau IV.14. Analyse de la variance ANOVA pour Ra

Source	DF	SS	MS	F-VAL.	P-VAL.	Contr. %
Vc	2	2,20027	1,10014	61,80	<0,001	31,73
f	2	4,37090	2,18545	122,77	<0,001	63,03
ap	2	0,03790	0,01895	1,06	0,389	0,55
Vc×f	4	0,04246	0,01061	0,60	0,676	0,61
Vc×ap	4	0,04019	0,01005	0,56	0,696	0,58
ap×f	4	0,10104	0,02526	1,42	0,311	1,46
Error	8	0,14241	0,01780			2,05
Total	26	6,93516				100

Tableau IV.15. Analyse de la variance ANOVA pour Rt

Source	DF	SS	MS	F-VAL.	P-VAL.	Contr. %
Vc	2	0,62370	0,31185	145,36	<0,001	7,52
f	2	7,55932	3,77966	1761,77	<0,001	91,14
ap	2	0,01479	0,00739	3,45	0,083	0,18
Vc×f	4	0,06677	0,01669	7,78	0,007	0,80
Vc×ap	4	0,00290	0,00073	0,34	0,845	0,03
ap×f	4	0,00981	0,00245	1,14	0,402	0,12
Error	8	0,01716	0,00215			0,21
Total	26	8,29445				100

Tableau IV.16. Analyse de la variance ANOVA pour Rz

IV.5.2. Analyse de régression pour *Ra*, *Rt* et *Rz*

L'analyse de régression des trois critères de rugosité (*Ra*, *Rt* et *Rz*) en fonction du régime de coupe donne les équations (12), (13) et (14) avec des coefficients de détermination R^2 respectifs de (96,24; 89,42 et 98,69) %.

$$Ra = 0,19254 - 0,00075Vc + 3,54167f + 0,11667ap - 0,00417Vc \times f + 0,00019Vc \times ap$$

$$\dots\dots\dots\dots\dots\dots\dots\dots\dots\dots\dots\dots\dots\dots\dots\dots\dots\dots\dots\dots\dots\dots\dots(12)$$

$$Rt = 2,9681 - 0,0069Vc + 12,2917f + 0,2444ap \dots\dots\dots\dots\dots\dots\dots (13)$$

$$Rz = 1,0865 - 0,0012Vc + 19,2381f + 0,1852ap - 0,0234Vc \times f \dots\dots\dots\dots (14)$$

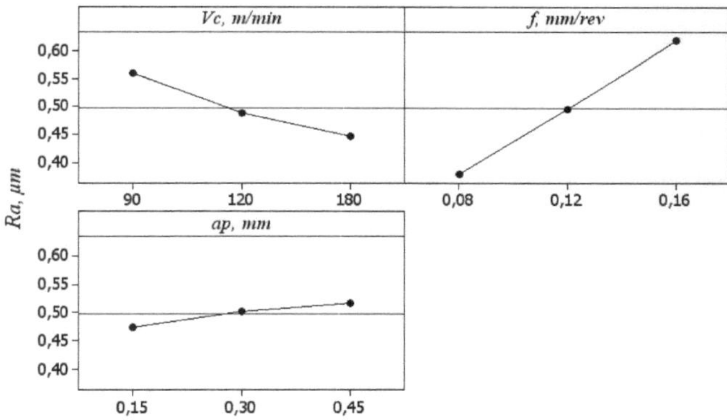

Fig. IV.60. *Graphes des effets principaux sur Ra*

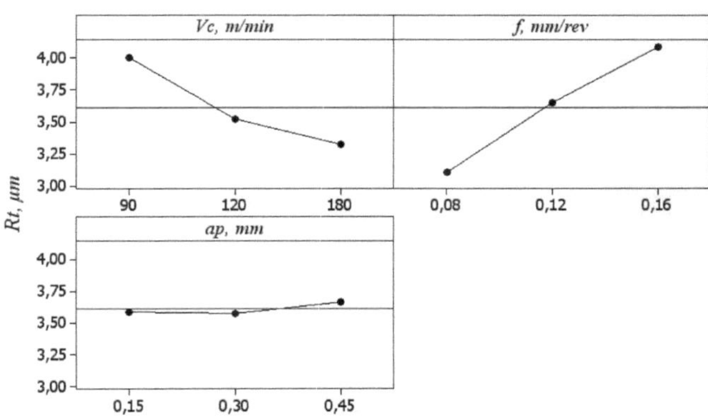

Fig. IV.61. *Graphes des effets principaux sur Rt*

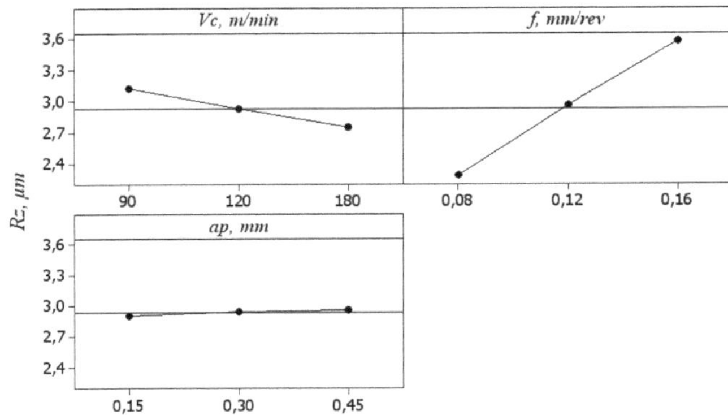

Fig. IV.62. *Graphes des effets principaux sur Rz*

Les figures IV.60; IV.61 et IV.62 illustrent les graphes des effets principaux des paramètres *Vc*, *f* et *ap* sur les trois critères de rugosité.

Les figures IV.63; IV.64 et IV.65 montrent l'impact des paramètres *Vc*, *f* et *ap* et leurs degrés d'influence sur l'évolution des trois critères de rugosité *Ra, Rt* et *Rz*. En effet, l'avance est le paramètre le plus important suivie de la vitesse de coupe. La profondeur de passe n'a pratiquement aucun effet sur les rugosités.

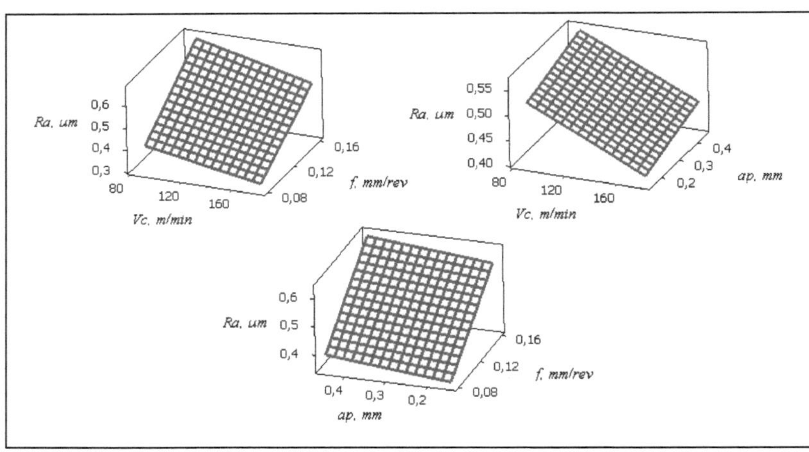

Fig. IV.63. *Evolution de la rugosité Ra en fonction du régime de coupe*

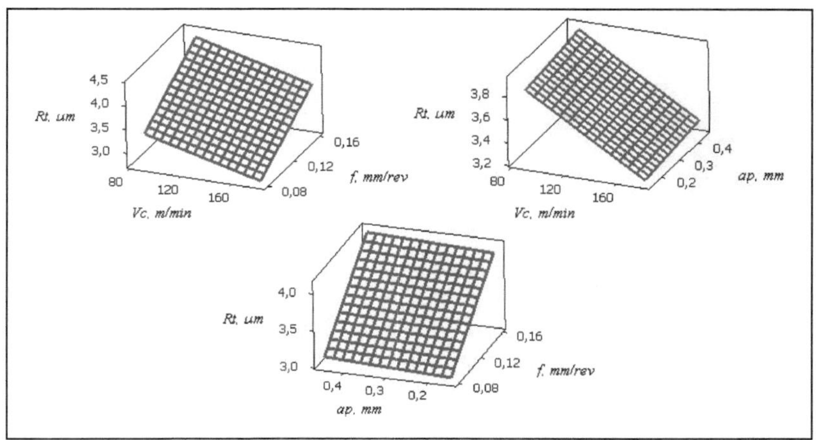

Fig. IV.64. Evolution de la rugosité Rt en fonction du régime de coupe

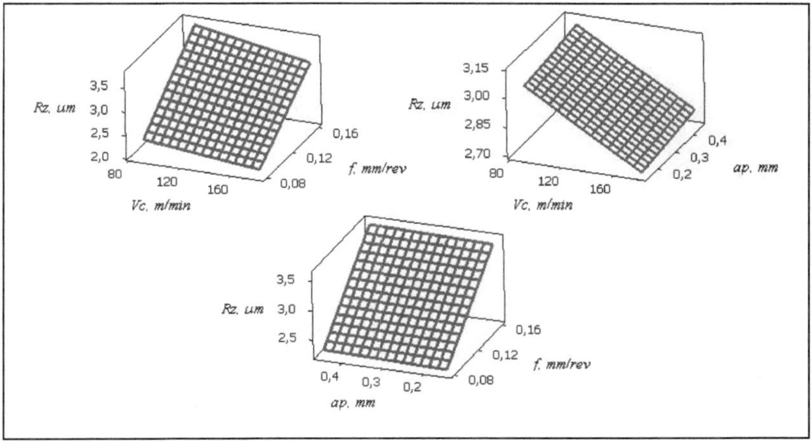

Fig. IV.65. Evolution de la rugosité Rz en fonction du régime de coupe

Les figures IV.66; IV.67 et IV.68 présentent les graphes de Pareto des effets des paramètres de coupe sur les trois critères de rugosité (*Ra, Rt* et *Rz*). L'avance vient en première position en termes d'influence sur les trois critères de rugosité. La vitesse de coupe se classe deuxième. Quant à la profondeur de passe , son effet est négligeable.

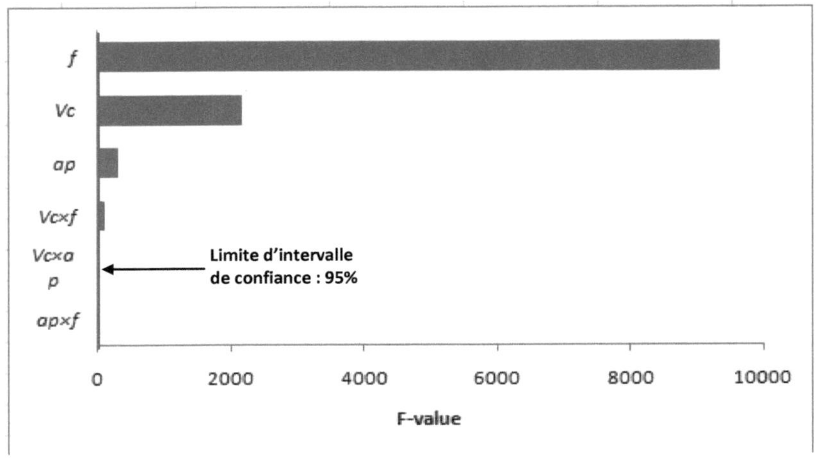

Fig. IV.66. *Graphe de Pareto des effets des paramètres de coupe sur Ra*

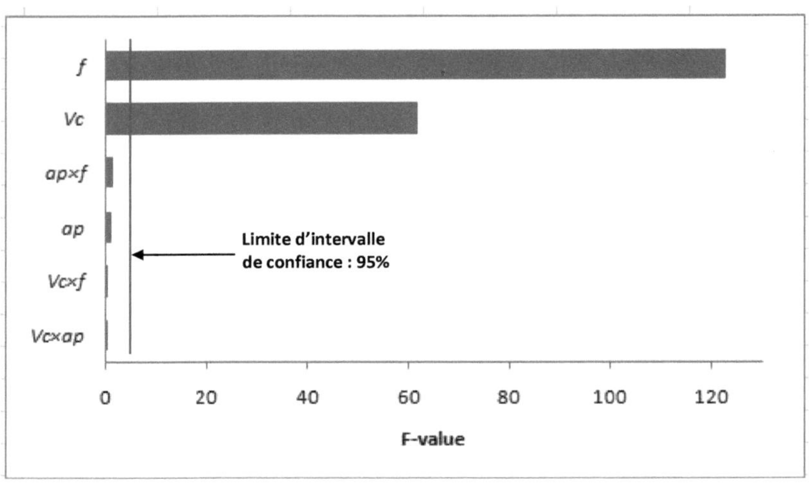

Fig. IV.67. *Graphe de Pareto des effets des paramètres de coupe sur Rt*

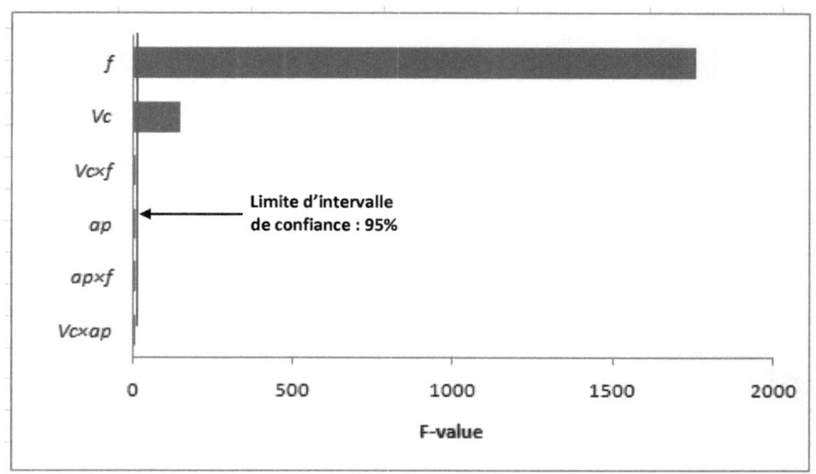

Fig. IV.68. *Graphe de Pareto des effets des paramètres de coupe sur Rz*

Les graphes des contours des principaux critères de rugosité (*Ra*, *Rt* et *Rz*) sont présentés dans les figures (IV.69 à IV.77). Les grandes valeurs des rugosités sont obtenues pour les grandes valeurs de l'avance et les faibles valeurs des vitesses de coupe.

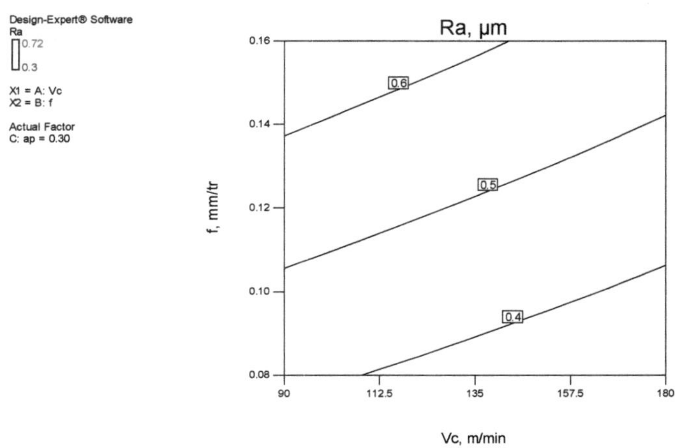

Fig. IV.69. *Graphe des contours de Ra en fonction de Vc et f*

141

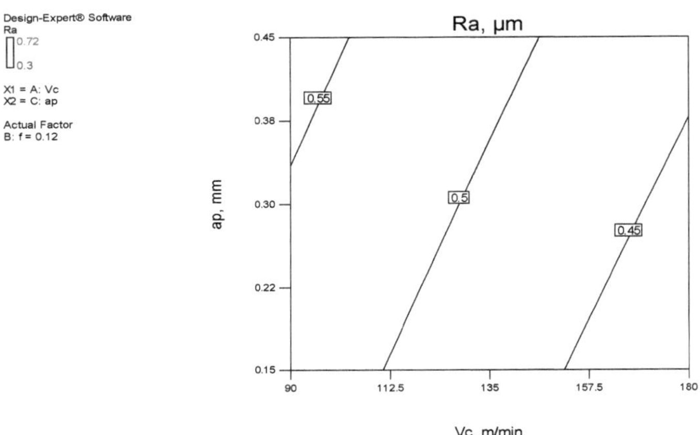

Fig. IV.70. *Graphe des contours de Ra en fonction de Vc et ap*

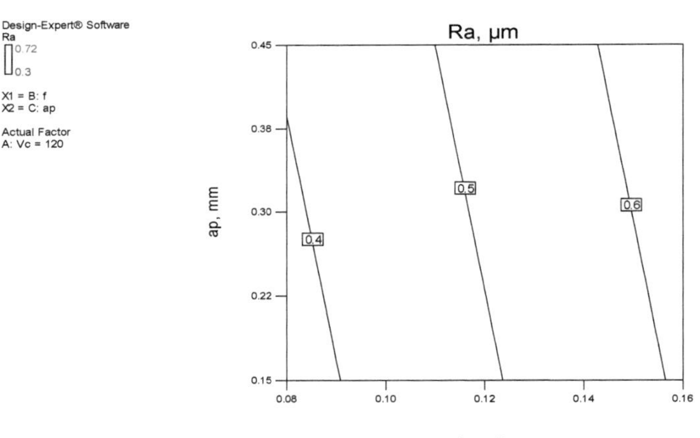

Fig. IV.71. *Graphe des contours de Ra en fonction de f et ap*

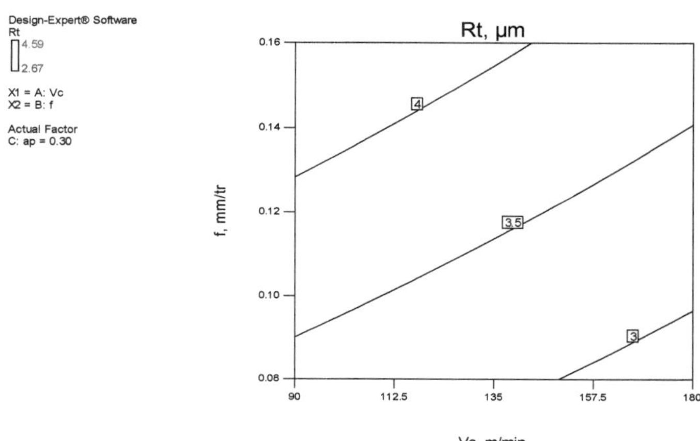

Fig. IV.72. *Graphe des contours de Rt en fonction de Vc et f*

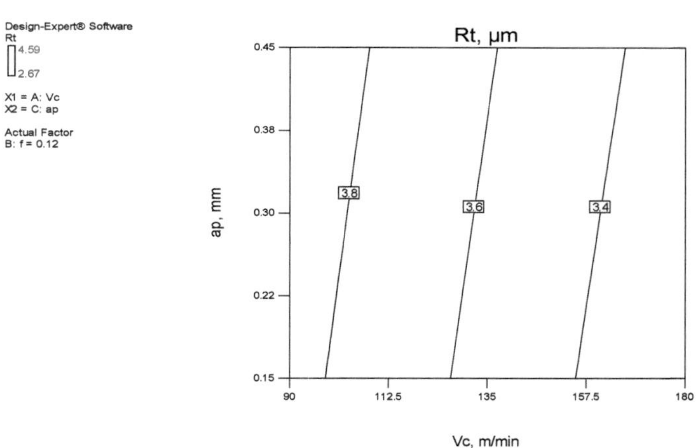

Fig. IV.73. *Graphe des contours de Rt en fonction de Vc et ap*

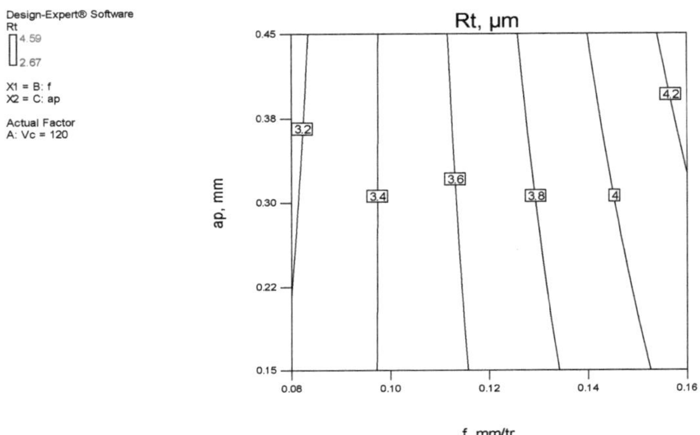

Fig. IV.74. *Graphe des contours de Rt en fonction de f et ap*

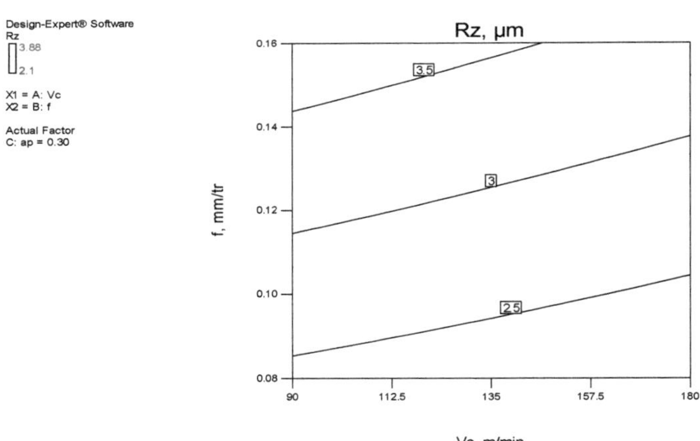

Fig. IV.75. *Graphe des contours de Rz en fonction de Vc et f*

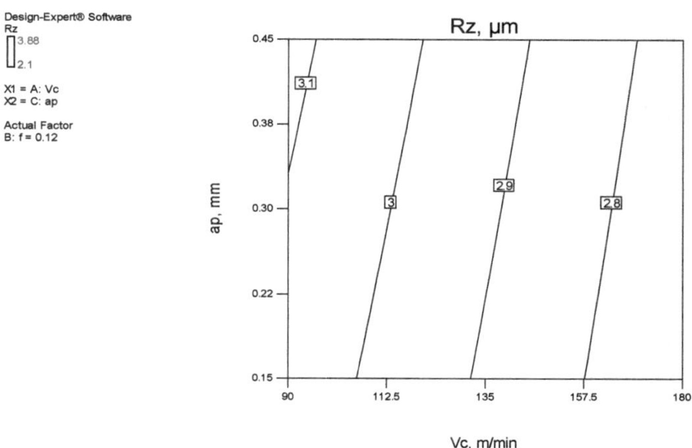

Fig. IV.76. *Graphe des contours de Rz en fonction de Vc et ap*

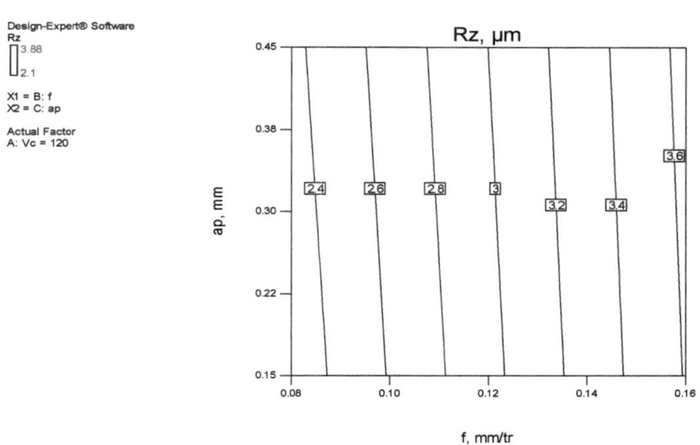

Fig. IV.77. *Graphe des contours de Rz en fonction de f et ap*

La comparaison entre les valeurs réelles et prédites des principaux critères de rugosité est donnée dans les figures IV.78; IV.79 et IV.80. La légère différence entre ces deux valeurs prouve la bonne corrélation.

145

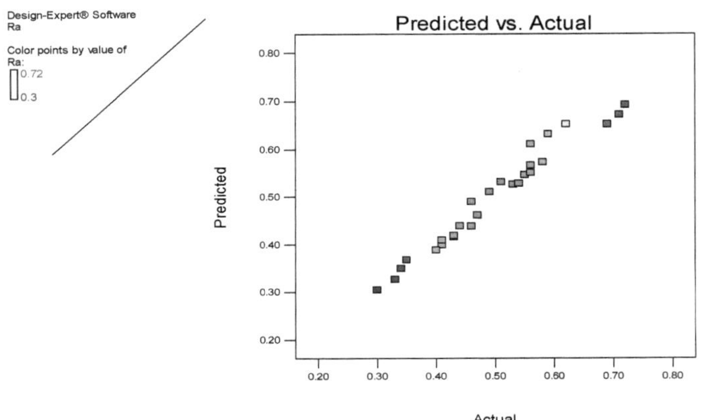

Fig. IV.78. *Valeurs réelles et prédites de Ra*

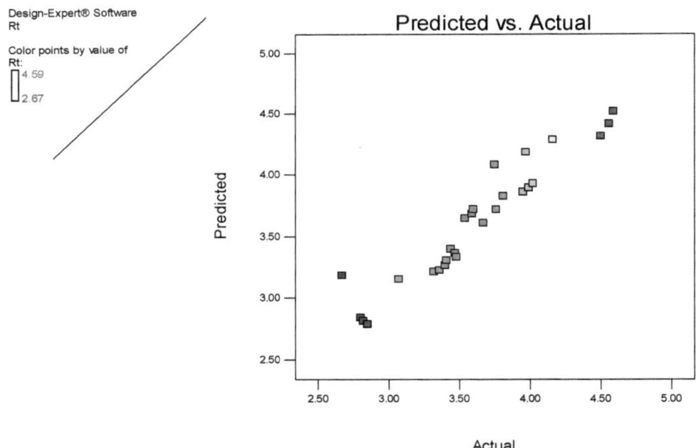

Fig. IV.79. *Valeurs réelles et prédites de Rt*

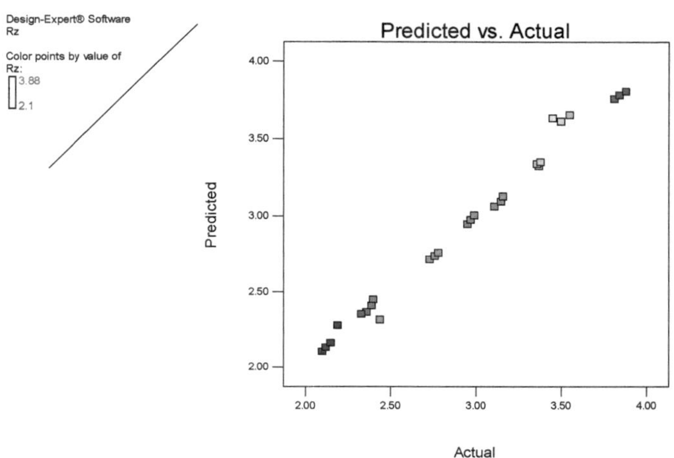

__Fig. IV.80.__ Valeurs réelles et prédites de Rz

IV.6. Modélisation de l'usure VB, de la tenue T de la céramique Al_2O_3+TiC et de la température maximale θ dans la zone de coupe

IV.6.1. ANOVA pour VB de la céramique Al_2O_3+TiC

Les résultats expérimentaux de l'usure VB de la céramique noire Al_2O_3+TiC pour un plan 2^3 (trois variables : vitesse de coupe Vc, avance par tour f et temps d'usinage t à deux niveaux) sont illustrés dans le tableau IV.17. La valeur minimale de l'usure en dépouille VB de la céramique noire Al_2O_3+TiC est obtenue pour les niveaux inférieurs de la vitesse de coupe, l'avance et le temps d'usinage. Tandis que sa valeur maximale est mentionnée pour les niveaux supérieurs des ces trois variables.

L'analyse de la variance ANOVA pour l'usure en dépouille de la céramique noire Al_2O_3+TiC (tableau IV.18) indique que le temps d'usinage est le principal facteur ayant un impact sur VB. Sa contribution est de 56,15%. La vitesse de coupe vient en deuxième position, sa contribution est de 37,27%.

Facteurs							Paramètre
Valeurs codifiées				Valeurs réelles			Usure en dépouille
N° Essai	X_1	X_2	X_3	Vc, m/min	f, mm/tr	t, min	VB, mm
1	-1	-1	-1	120	0,08	12	0,110
2	-1	-1	+1	120	0,08	24	0,190
3	-1	+1	-1	120	0,16	12	0,118
4	-1	+1	+1	120	0,16	24	0,200
5	+1	-1	-1	180	0,08	12	0,182
6	+1	-1	+1	180	0,08	24	0,280
7	+1	+1	-1	180	0,16	12	0,169
8	+1	+1	+1	180	0,16	24	0,330

Tableau IV.17. Résultats expérimentaux de VB pour un plan 2^3

Source	DF	SS	MS	F-VAL.	Contr. %
Vc	1	0,0147061	0,0147061	31,62	37,27
f	1	0,0003781	0,0003781	0,81	0,96
t	1	0,0221551	0,0221551	47,63	56,15
$Vc{\times}f$	1	0,0000451	0,0000451	0,10	0,11
$Vc{\times}t$	1	0,0011761	0,0011761	2,53	2,98
$f{\times}t$	1	0,0005281	0,0005281	1,14	1,34
Error	1	0,0004651	0,0004651		1,18
Total	7	0,0394539			100

Tableau IV.18. ANOVA pour VB de la céramique noire Al_2O_3+TiC

Alors que l'avance a un effet secondaire sur VB, sa contribution n'est que de 0,96%. Les interactions $Vc{\times}t$ et $f{\times}t$ sont significatives avec des contributions respectives de (2,98 et 1,34) %.

Les figures IV.81 et IV.82 montrent clairement l'impact du régime de coupe sur l'évolution de l'usure en dépouille VB de la céramique noire Al_2O_3+TiC.

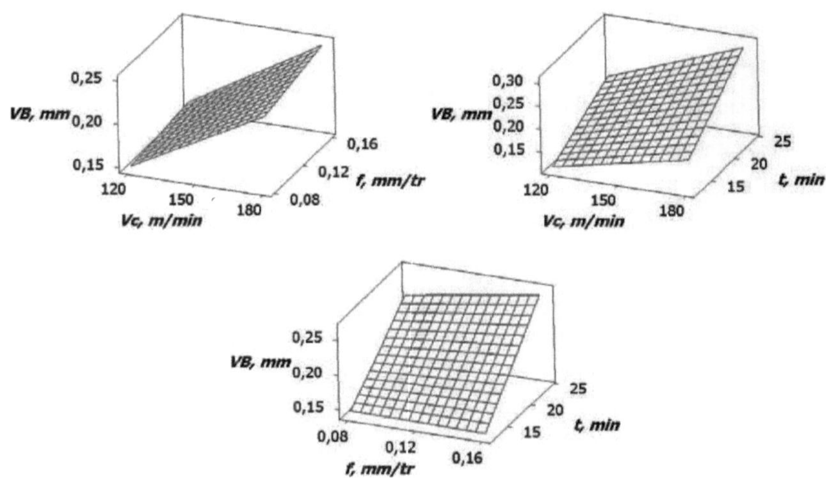

Fig. IV.81. 3D Diagrammes de surface pour VB

Pour un coefficient de corrélation R^2 = 91,7%, l'équation (15) de régression de la surface de réponse VB en fonction de Vc, f et t est :

$$VB = 0{,}095125 - 0{,}000021Vc - 0{,}734375f - 0{,}005396t + 0{,}001979Vc \times f +$$

$$0{,}000067Vc \times t + 0{,}033854\,f \times t \quad \dots\dots\dots\dots\dots\dots\dots\dots\dots\dots\dots\dots\dots\dots\dots\dots\dots\dots\dots\dots (15)$$

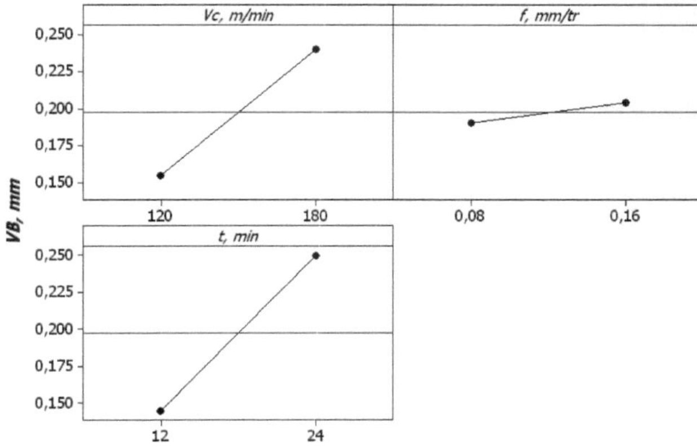

Fig. IV.82. Graphes des effets principaux pour VB

La figure IV.83. présente le graphe de Pareto des effets des paramètres (temps d'usinage, vitesse de coupe et avance) sur l'usure *VB* de la céramique mixte CC650. Il est à signaler que le temps d'usinage a un impact énorme sur l'évolution de *VB*. La vitesse de coupe suit en deuxième position. Quant à l'avance, son effet est mois important.

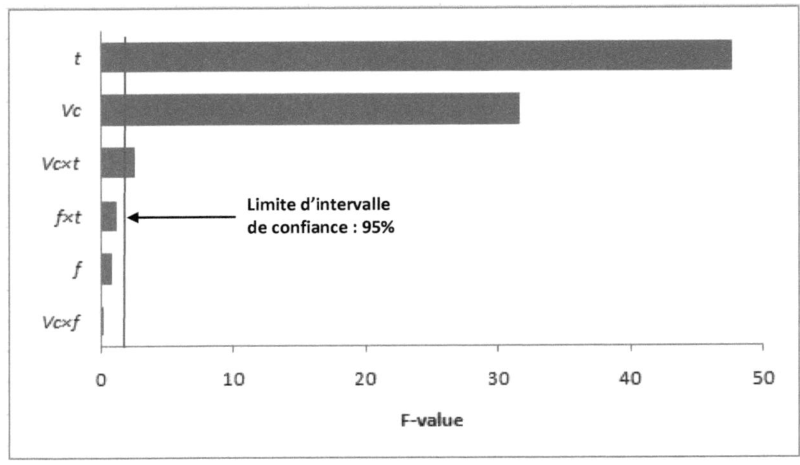

Fig. IV.83. *Graphe de Pareto des effets des paramètres de coupe sur VB*

Les graphes des contours de l'usure en dépouille *VB* de la céramique mixte CC650 sont illustrés dans les figures IV.84; IV.85 et IV.86. Ces graphes confirment que le temps d'usinage est un paramètre crucial à considérer sur l'évolution de l'usure en dépouille *VB*.

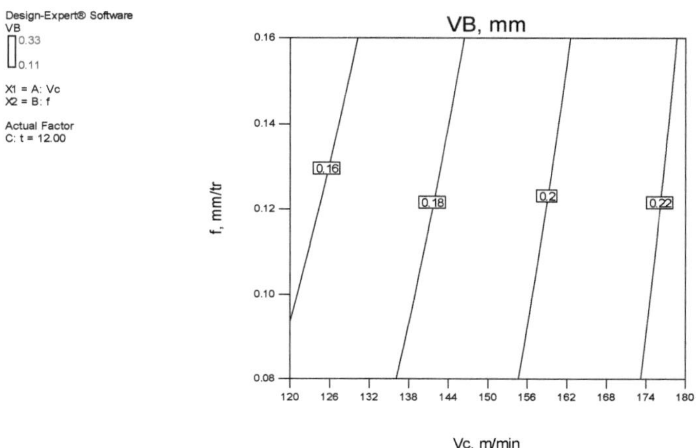

Fig. IV.84. *Graphe des contours de VB en fonction de Vc et f*

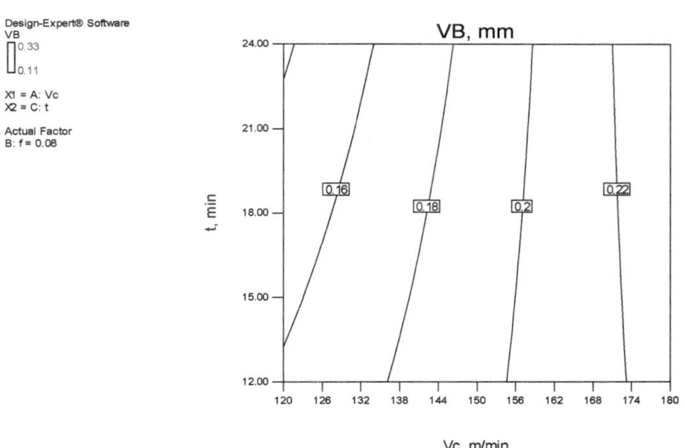

Fig. IV.85. *Graphe des contours de VB en fonction de Vc et t*

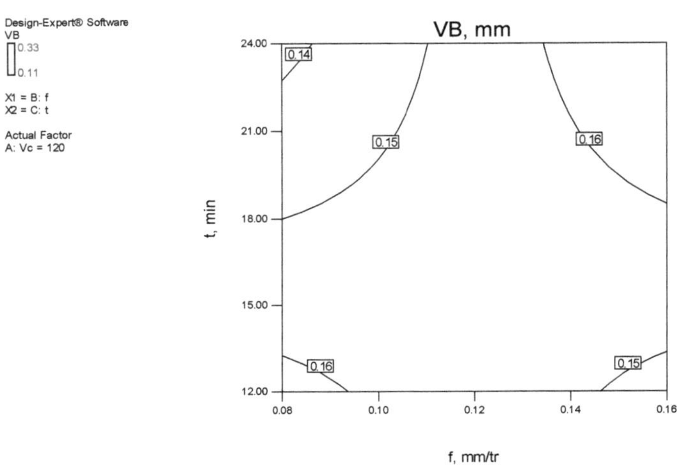

Fig. IV.86. *Graphe des contours de VB en fonction de f et t*

La figure IV.87 expose la comparaison entre les valeurs réelles et prédites de l'usure *VB* de la céramique mixte CC650.

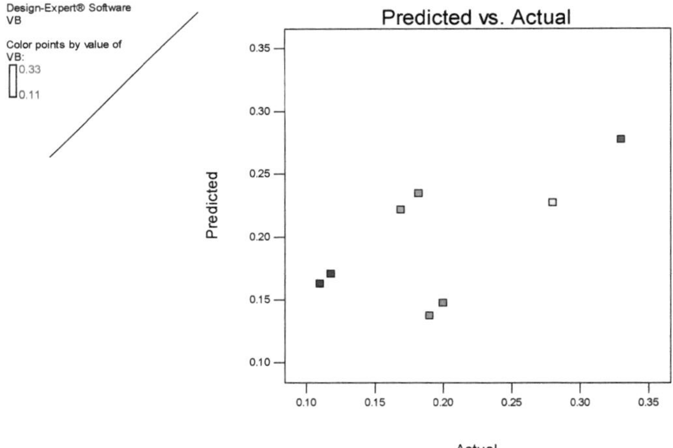

Fig. IV.87. *Valeurs réelles et prédites de VB*

IV.6.2 Modélisation de la durée de vie T de la céramique noire Al₂O₃+TiC

Les résultats affichés dans la figure IV.88 montrent qu'à la vitesse de coupe de 120 m/min et lorsque l'avance varie de (0,08 à 0,16) mm/tr, la durée de vie de cet outil ne diminue que de 14,286%. Tandis que cette dernière diminue de 47% à une avance de 0,08 mm/tr et pour une augmentation de la vitesse de coupe de 50% (de 120 à 180 m/min). A une avance de 0,16 mm/tr et lorsque la vitesse de coupe varie de (120 à 180) m/min, la tenue de l'outil diminue de 46,43%. Cette analyse confirme que l'influence de la vitesse de coupe sur la durée de vie de l'outil est plus importante que celle de l'avance.

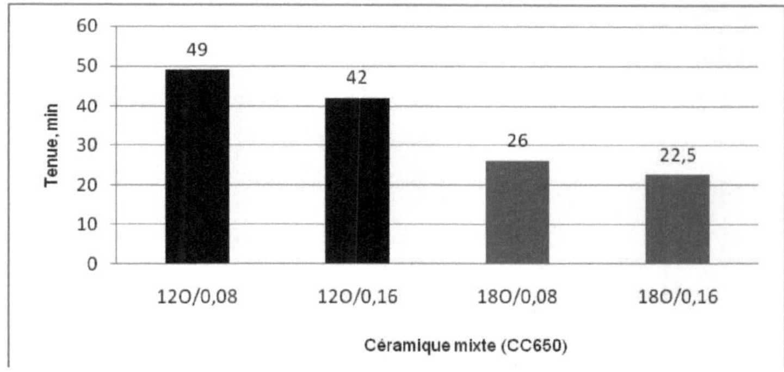

Fig. IV.88. *T de la céramique noire Al₂O₃+TiC pour [VB]=0,3mm et ap=0,15 mm*

L'analyse de régression de T en fonction de Vc et f donne l'équation (16) avec un coefficient de détermination $R^2 = 98,09\%$.

$$T = 95,9 - 0,354Vc - 65,6f \quad \text{.. (16)}$$

La figure IV.89 montre qu'avec l'augmentation de Vc, la tenue de l'outil diminue.

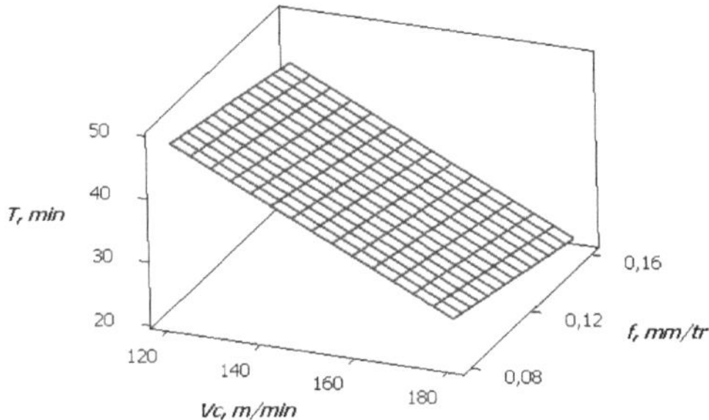

Fig. IV.89. *Durée de vie T de la céramique noire Al$_2$O$_3$+TiC*

IV.6.3 Modélisation de la température maximale θ dans la zone de coupe

Le tableau IV.19 présente la température maximale dans la zone de coupe pour un plan 2^3 où *Vc* varie de 125 à 250 m/min, *f* de 0,08 à 0,16 et *ap* de 0,15 à 0,30 mm et pour un temps d'usinage de 20 secondes. L'augmentation de *Vc*, *f* et *ap* favorise une élévation de *θ*.

N^{0}Tests	*f*, mm/tr	*ap*, mm	*Vc*, m/min	*θ*, °C
1	0,08	0,15	125	287
2	0,16	0,15	125	297
3	0,08	0,30	125	335
4	0,16	0,30	125	361
5	0,08	0,15	250	377
6	0,16	0,15	250	386
7	0,08	0,30	250	394
8	0,16	0,30	250	426

Tableau IV.19. *Température maximale pour un plan 2^3*

Le tableau IV.20 donne l'équation de la température maximale *θ* dans la zone de coupe en fonction de *Vc*, *f* et *ap* pour un chariotage effectué par la céramique mixte Al$_2$O$_3$+TiC. On remarque que *Vc* est le facteur le plus influent avec un coefficient de 0,311.

Modèle mathématique de θ	Coefficient de dét.
$\theta = e^{4,702}\, f^{0,075}\, ap^{0,177}\, Vc^{0,311}$	$R^2 = 0,948$

Tableau IV.20. *Modèle de la température maximale*

IV.7. Régime optimal des efforts de coupe et des rugosités (chariotage par la céramique noire Al$_2$O$_3$+TiC)

IV.7.1. Régime optimal des efforts de coupe

Le tableau IV.21 expose le régime optimal relatif aux efforts de coupe. La vitesse de coupe adéquate varie de 179,65 à 180 m/min. L'avance est égale à 0,08 mm/tr. La profondeur de passe est de 0,15 mm.

N°	Vc, m/min	f, mm/tr	ap, mm	Fa, N	Fr, N	Ft, N	R^2
1	180	0,08	0,15	22,7228	73,3857	47,4262	0,994
2	179,65	0,08	0,15	22,7371	73,4473	47,5315	0,993
3	180	0,08	0,15	22,8104	73,6116	47,6619	0,993
4	180	0,08	0,15	22,9093	73,881	47,9407	0,992

Tableau IV.21. Régime optimal des efforts de coupe

IV.7.2. Régime optimal des rugosités

Le tableau IV.22 illustre le régime optimal relatif aux rugosités. La vitesse de coupe adéquate varie de 179,16 à 180 m/min. L'avance est égale à 0,08 mm/tr. La profondeur de passe varie de 0,15 à 0,16 mm.

N°	Vc, m/min	f, mm/tr	ap, mm	Ra, μm	Rt, μm	Rz, μm	R^2
1	180	0,08	0,15	0,304087	2,73714	2,10667	0,984
2	180	0,08	0,15	0,304749	2,73822	2,10748	0,983
3	180	0,08	0,16	0,305435	2,73934	2,10833	0,982
4	179,16	0,08	0,15	0,304983	2,743	2,10924	0,982

Tableau IV.22. Régime optimal des rugosités

IV.8. Conclusion

L'étude statistique permet de déterminer les modèles mathématiques, leurs coefficients de corrélation et leurs constantes relatives. Cette technique définit le degré d'influence de chaque élément du régime de coupe sur les efforts de coupe et la rugosité des surfaces usinées. D'après les résultats trouvés, on peut conclure que pour l'usinage effectué par la céramique composite Al_2O_3+SiC :

- La profondeur de passe affecte énormément les efforts de coupe (*Fa*, *Ft* et *Fr*) avec une contribution de 85,84% sur *Fa*, de 63,23% sur *Fr* et de 72,46% *Ft*. Mais elle devient le paramètre le moins influant sur les rugosités.

- L'avance vient en deuxième position par un taux de 8,42% sur *Fa*, de 29,90% sur *Fr* et 22,62% sur *Ft*. Elle devient le facteur prépondérant sur les rugosités par un impact de 85,70% sur *Ra*, de 96,57% sur *Rt* et de 98,95% sur *Rz*.

- La vitesse de coupe suit en troisième position par 1,56% sur *Fa*, 3,42% sur *Fr*, 0,73% sur *Ft*, 8,12% sur *Ra*, 1,91% sur *Rt* et 0,45% sur *Rz*.

Quant à l'usinage par la céramique noire Al_2O_3+TiC, La profondeur de passe affecte les efforts de coupe (*Fa*, *Ft* et *Fr*) d'une manière considérable avec une contribution de 94,22% sur *Fa*, de 81,14% sur *Fr* et de 77,84% *Ft*. Mais elle a un effet secondaire sur les trois critères de rugosité.

- L'avance influe sur les efforts par un impact de 1,72% sur *Fa*, de 10,69% sur *Fr* et 16,15% sur *Ft*. Elle devient le paramètre le plus influant sur les rugosités par un taux de 77,61% sur *Ra*, 63,03% sur *Rt* et 91,14% sur *Rz*.

- La vitesse de coupe contribue à l'évolution des efforts et des rugosités par 2,23% sur *Fa*, 39% sur *Fr*, 3,06% sur *Ft*, 18,05% sur *Ra*, 31,73% sur *Rt* et 7,52% sur *Rz*.

Il est à signaler aussi que pour le régime de coupe suivant : $ap = 0,45$ mm, $0,12 \leq f \leq 0,16$ mm/tr et quelque soit la céramique de coupe utilisée, l'effort tangentiel devient le plus prépondérant. La connaissance de ces modèles représente un intérêt économique et industriel très importants car elle précise les plages des conditions d'usinage optimales pour le processus de coupe et assure une surveillance automatique de ce dernier.

Chapitre V

Modélisation des efforts de coupe et des rugosités (cas du carbure revêtu GC3015)

V.1. Introduction

V.2. Modélisation des efforts de coupe

V.3. Modélisation des rugosités

V.4. Conclusion

V.1. Introduction

Le carbure revêtu GC3015 s'est avéré plus performant que les quatre matériaux de coupe suivants : le carbure non revêtu H13A, le cermet non revêtu CT5015, le cermet revêtu GC1525 et la céramique composite Al_2O_3+SiC (CC670). C'est pour cette raison que nous avons jugé utile d'approfondir l'étude sur la modélisation des efforts de coupe et de rugosité des surfaces usinées pour un nouveau régime de coupe. Des essais de chariotage de courte durée ont été réalisés selon la table orthogonale L_9 de 9 essais (plan de Taguchi) sur des éprouvettes en acier fortement allié X38CrMoV5-1 traité à 50 HRC, usiné par le carbure revêtu GC3015. Le but de ces opérations est de déterminer les modèles mathématiques des composantes de l'effort de coupe et des rugosités.

Le plan de Taguchi vient pour enrichir les méthodes de plans d'expériences en apportant une amélioration considérable aux plans factoriels complets et fractionnaires. Il a pour but de simplifier le protocole expérimental afin de mettre en évidence les effets de facteurs sur la réponse. Il se distingue par une réduction importante du nombre d'essais, tout en gardant une bonne précision. Le nombre d'essais à réaliser pour trois facteurs à trois niveaux est de 27 ($3^3 = 27$), la table orthogonale de Taguchi L_9 se limite à 9 essais. Cinq facteurs à quatre niveaux donnent 1024 essais ($4^5 = 1024$), tandis que la table orthogonale de Taguchi L_{16} propose 16 essais. Six facteurs à cinq niveaux donnent 15625 essais ($5^6 = 15625$), alors que la table orthogonale de Taguchi L_{25} propose 25 essais. Le plan de Taguchi place le modèle comme un élément clef de la stratégie du plan d'expériences. L'expérimentateur choisit librement les facteurs et les interactions à étudier selon le modèle qu'il propose, en étroite adéquation avec ses objectifs **[44-48]**.

V.2. Modélisation des efforts de coupe

Les valeurs des composantes de l'effort de coupe présentées dans le tableau V.1, ont été obtenues selon la table orthogonale L_9 (plan de Taguchi) qui correspond à la matrice de planification des expériences pour un plan de neuf essais quoiqu'on ait trois variables à trois niveaux.

Facteurs							Paramètres		
Valeurs codifiées				Valeurs réelles			Composantes de l'effort de coupe		
N° Essais	X_1	X_2	X_3	Vc, m/min	f, mm/tr	ap, mm	Fa, N	Fr, N	Ft, N
1	-1	-1	-1	50	0,08	0,15	48,38	124,71	70,16
2	-1	0	0	50	0,12	0,30	121,15	264,15	179,13
3	-1	+1	+1	50	0,16	0,45	219,32	390,62	310,20
4	0	-1	0	75	0,08	0,30	118,16	268,07	142,18
5	0	0	+1	75	0,12	0,45	207,78	334,45	241,41
6	0	+1	-1	75	0,16	0,15	43,60	170,74	98,85
7	+1	-1	+1	100	0,08	0,45	148,58	242,65	172,89
8	+1	0	-1	100	0,12	0,15	43,10	151,29	88,05
9	+1	+1	0	100	0,16	0,30	114,32	272,40	184,97

Tableau V.1. *Efforts de coupe pour un plan de Taguchi L₉ (carbure revêtu GC3015)*

On remarque que les valeurs maximales des efforts *Fa*, *Fr* et *Ft* ont été obtenues pour le régime de coupe suivant : *Vc* = 50 m/min, *f* = 0,16 mm/tr et *ap* = 0,45 mm (test N°3). Avec une augmentation de *f* et de *ap*, l'épaisseur du copeau devient importante ce qui cause une croissance de volume du métal déformé et cela nécessite d'énormes efforts de coupe pour tailler le copeau.

V.2.1. ANOVA pour Fa, Fr et Ft

L'analyse détaillée des valeurs des efforts présentées dans le tableau IV.1 et des coefficients des tableaux V.2; V.3 et V.4 permet de classer les trois éléments du régime de coupe et leurs interactions par ordre d'influence sur les efforts de coupe (*Fa, Fr* et *Ft*). La profondeur de passe vient en première position avec une contribution de 91,72% sur *Fa*, de 79,43% sur *Fr* et de 77,03% sur *Ft*. L'avance vient en deuxième position avec un impact de 2,24% sur *Fa*, de 11,08% sur *Fr* et 15,38% sur *Ft*. La vitesse de coupe vient en troisième position avec un effet de 3,55% sur *Fa,* de 4,52% sur *Fr* et de 4,73% sur *Ft*.

Source	DF	SS	MS	F-VAL.	P-VAL.	Contr. %
Vc	2	1252,7	626,5	1,43	0,412	3,55
f	2	791,6	395,8	0,90	0,526	2,24
ap	2	32355,4	16177,7	36,90	0,026	91,72
Error	2	876,7	438,4			2,49
Total	8	35276,5				100

Tableau V.2. *ANOVA pour Fa*

Source	DF	SS	MS	F-VAL.	P-VAL.	Contr. %
Vc	2	2697	1348	0,91	0,593	4,52
f	2	6607	3304	2,23	0,309	11,08
ap	2	47345	23673	16,01	0,059	79,43
Error	2	2957	1478			4,97
Total	8	59606				100

Tableau V.3. ANOVA pour Fr

Source	DF	SS	MS	F-VAL.	P-VAL.	Contr. %
Vc	2	2247,4	1123,7	1,66	0,377	4,73
f	2	7302,1	3651,0	5,38	0,157	15,38
ap	2	36576,1	18288,0	26,95	0,036	77,03
Error	2	1357,1	678,5			2,86
Total	8	47482,6				100

Table V.4. ANOVA pour Ft

IV.2.2. Analyse de régression pour Fa, Fr et Ft

L'analyse de régression des efforts de coupe (*Fa, Fr* et *Ft*) en fonction du régime de coupe donne les équations linéaires (17), (18) et (19) avec des coefficients de détermination R^2 respectifs de (94,9; 84,8 et 94,6) %.

$$Fa = -18,236 - 0,552Vc + 258,833f + 489,556ap \quad \dots\dots\dots\dots\dots (17)$$

$$Fr = 30,307 - 0,754Vc + 826,354f + 578,872ap \quad \dots\dots\dots\dots\dots (18)$$

$$Ft = -38,066 - 0,757Vc + 867,187f + 520,117ap \quad \dots\dots\dots\dots\dots (19)$$

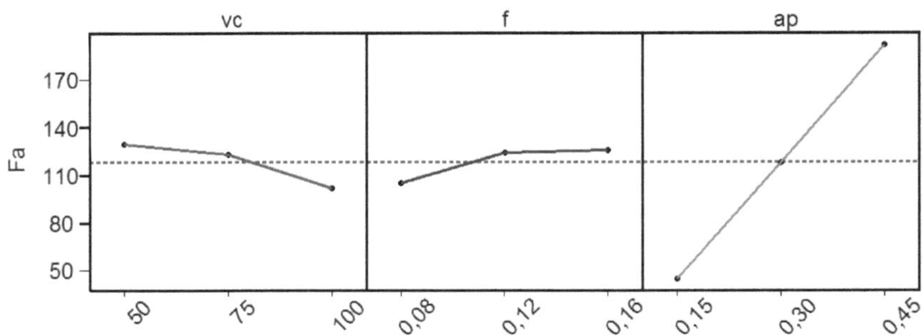

Fig. V.1. Graphes des effets principaux sur Fa

Les figures V.1; V.2 et V.3 illustrent respectivement les graphes des effets principaux des paramètres *Vc, f* et *ap* sur les composantes de l'effort de coupe (*Fa, Fr* et *Ft*). Ces figures montrent que la profondeur de passe a un impact considérable sur les composantes de l'effort de coupe. En effet, la pente de la profondeur de passe est plus accentuée comparée à celles de la vitesse de coupe et de l'avance par tour. Ces dernières sont caractérisées par des pentes plus faibles.

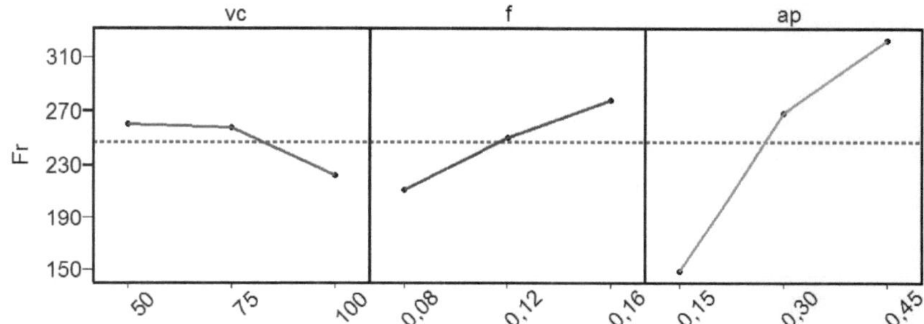

Fig. V.2. *Graphes des effets principaux sur Fr*

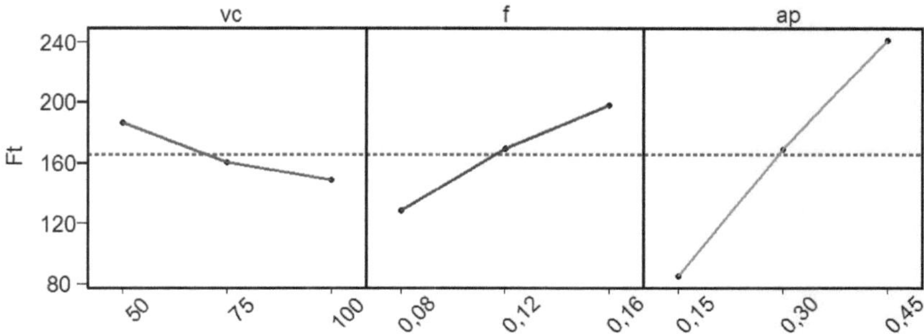

Fig. V.3. *Graphes des effets principaux sur Ft*

Les figures V.4 (a, b, c, d, e et f) montrent les 3D surfaces de réponse des composantes de l'effort de coupe *Fa*, *Fr* et *Ft*. L'analyse des courbes 3D des efforts de coupe montre qu'avec l'augmentation de la profondeur de passe, les efforts de coupe augmentent. Nous concluons que la profondeur de passe est le paramètre le plus prépondérant suivie de l'avance.

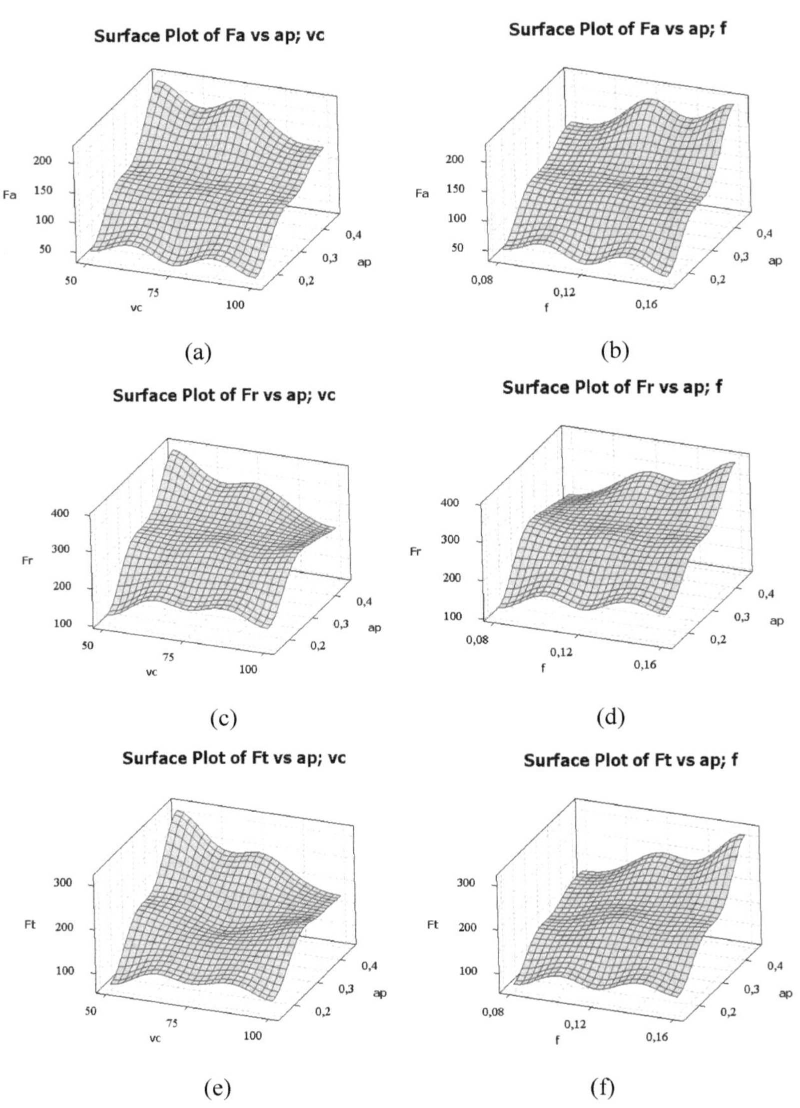

Fig. V.4. *3D Surfaces de réponse des efforts de coupe*

Les graphes des contours des composantes de l'effort de coupe sont présentés dans les figures V.5 (a, b, c, d, e et f). Les grandes valeurs des efforts de coupe sont obtenues pour les grandes profondeurs de passe, les grandes avances et les faibles vitesses de coupe.

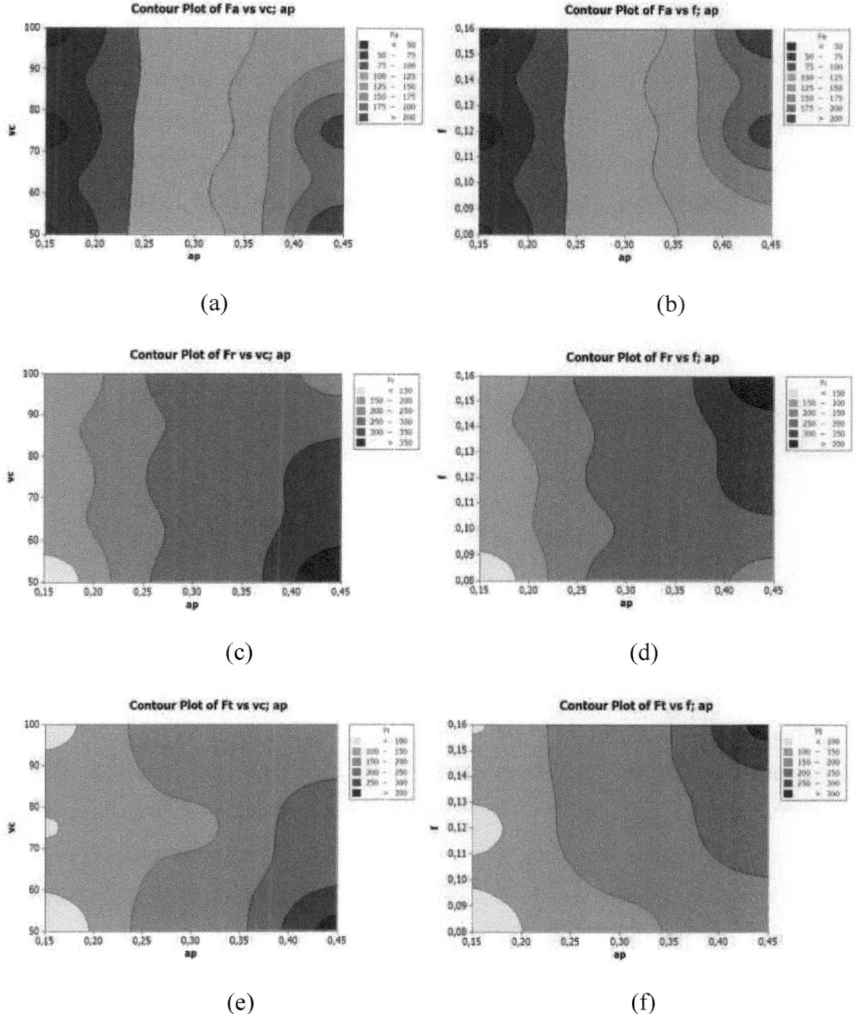

(a)

(b)

(c)

(d)

(e)

(f)

Fig. V.5. *Graphes des contours de Fa, Fr et Ft*

V.3. Modélisation des rugosités

Les valeurs des trois critères de rugosité (*Ra, Rt* et *Rz*) présentées dans le tableau V.5, ont été obtenues selon la matrice de planification des expériences L_9 pour un plan de neuf essais (plan de Taguchi). On remarque que les valeurs maximales des trois critères de rugosité ont été obtenues pour le régime de coupe suivant : Vc = 75 m/min, f = 0,16 mm/tr et ap = 0,15 mm (test N°6). Alors que leurs valeurs minimales ont été enregistrées pour les conditions suivantes : Vc = 100 m/min, f = 0,08 mm/tr et ap = 0,45 mm (test N°7). L'augmentation de la vitesse de coupe avec de faibles valeurs de f conduisent généralement à une diminution des trois critères de rugosité.

Facteurs							Paramètres		
Valeurs codifiées				Valeurs réelles			Critères de rugosité		
N° Essais	X_1	X_2	X_3	Vc, m/min	f, mm/tr	ap, mm	Ra, μm	Rt, μm	Rz, μm
1	-1	-1	-1	50	0,08	0,15	0,66	6,49	4,66
2	-1	0	0	50	0,12	0,30	0,71	7,66	4,78
3	-1	+1	+1	50	0,16	0,45	0,96	5,97	4,96
4	0	-1	0	75	0,08	0,30	0,72	6,26	4,69
5	0	0	+1	75	0,12	0,45	0,73	4,16	3,51
6	0	+1	-1	75	0,16	0,15	1,15	9,43	6,55
7	+1	-1	+1	100	0,08	0,45	0,44	2,70	2,36
8	+1	0	-1	100	0,12	0,15	0,47	3,71	3,07
9	+1	+1	0	100	0,16	0,30	0,91	5,92	5,29

Tableau V.5. *Critères de rugosité pour un plan de Taguchi L_9 (carbure revêtu GC3015)*

V.3.1. ANOVA pour Ra, Rt et Rz

L'analyse détaillée des valeurs des rugosités présentées dans le tableau V.5 et des coefficients des tableaux V.6; V.7 et V.8 permet de préciser l'influence des trois éléments du régime de coupe sur les trois critères de rugosité (*Ra, Rt* et *Rz*). La contribution de l'avance est de 71,72% sur *Ra*, de 22,16% sur *Rt* et de 48,46% sur *Rz*. La vitesse de coupe a un impact de 25,19% sur *Ra*, de 38,30% sur *Rt* et de 26,10% sur *Rz*. Quant à la contribution de la profondeur de passe, elle a un effet de 1,88% sur *Ra*, de 31,15% sur *Rt* et de 24,09% sur *Rz*.

Source	DF	SS	MS	F-VAL.	P-VAL.	Contr. %
Vc	2	0,1046	0,523	20,92	0,046	25,19
f	2	0,2978	0,1489	59,56	0,017	71,72
ap	2	0,0078	0,0039	1,56	0,391	1,88
Error	2	0,005	0,0025			1,21
Total	8	0,4152				100

Tableau V.6. ANOVA pour Ra

Source	DF	SS	MS	F-VAL.	P-VAL.	Contr. %
Vc	2	13,034	6,517	4,58	0,179	38,30
f	2	7,554	3,777	2,66	0,273	22,16
ap	2	10,603	5,301	3,73	0,211	31,15
Error	2	2,843	1,422			8,39
Total	8	34,034				100

Tableau V.7. ANOVA pour Rt

Source	DF	SS	MS	F-VAL.	P-VAL.	Contr. %
Vc	2	3,3266	1,6633	19,27	0,049	26,10
f	2	6,174	3,087	35,77	0,027	48,46
ap	2	3,0691	1,5346	17,78	0,053	24,09
Error	2	0,1726	0,0863			1,35
Total	8	12,7423				100

Tableau V.8. ANOVA pour Rz

V.3.2. Analyse de régression pour Ra, Rt et Rz

L'analyse de régression des trois critères de rugosité (*Ra*, *Rt* et *Rz*) en fonction du régime de coupe donne les équations linéaires (20), (21) et (22) avec des coefficients de détermination R^2 respectifs de (69,1; 69,2 et 67,2) %..

$$Ra = 0,455 - 0,0034Vc + 5f - 0,167ap \quad\text{..} \quad (20)$$

$$Rt = 9,0378 - 0,0519Vc + 24,4583f - 7,5556ap \quad\text{......................................} \quad (21)$$

$$Rz = 4,8781 - 0,0246Vc + 21,2083f - 3,8333ap \quad\text{.......................................} \quad (22)$$

Les figures V.6; V.7 et V.8 illustrent les graphes des effets principaux des paramètres Vc, f et ap sur les trois critères de rugosité (*Ra*, *Rt* et *Rz*). Ces figures montrent que la vitesse de coupe et l'avance par tour ont un impact considérable sur les trois critères de rugosité (*Ra*, *Rt* et *Rz*). En effet, leurs pentes sont plus grandes.

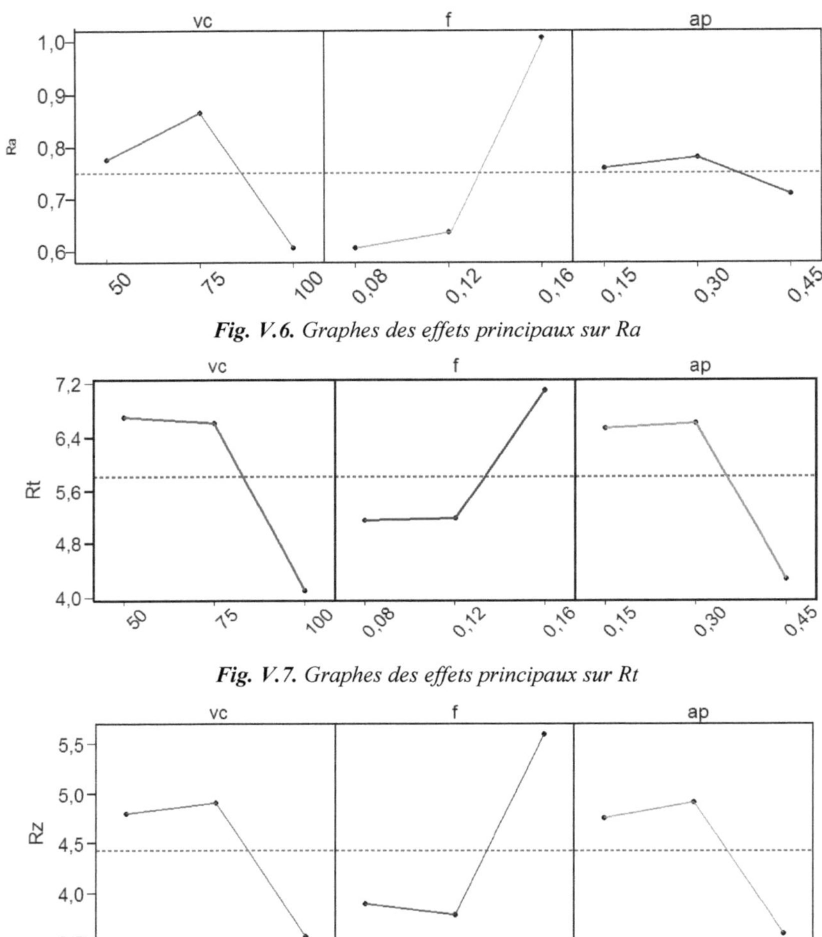

Fig. V.6. Graphes des effets principaux sur Ra

Fig. V.7. Graphes des effets principaux sur Rt

Fig. V.8. Graphes des effets principaux sur Rz

Les figures V.9 (a, b, c, d, e et f) montrent les 3D surfaces de réponse des trois critères de rugosité Ra, Rt et Rz. L'analyse des courbes 3D des trois critères de rugosité Ra, Rt et Rz montre qu'avec l'augmentation de l'avance, les trois critères de rugosité Ra, Rt et Rz augmentent.

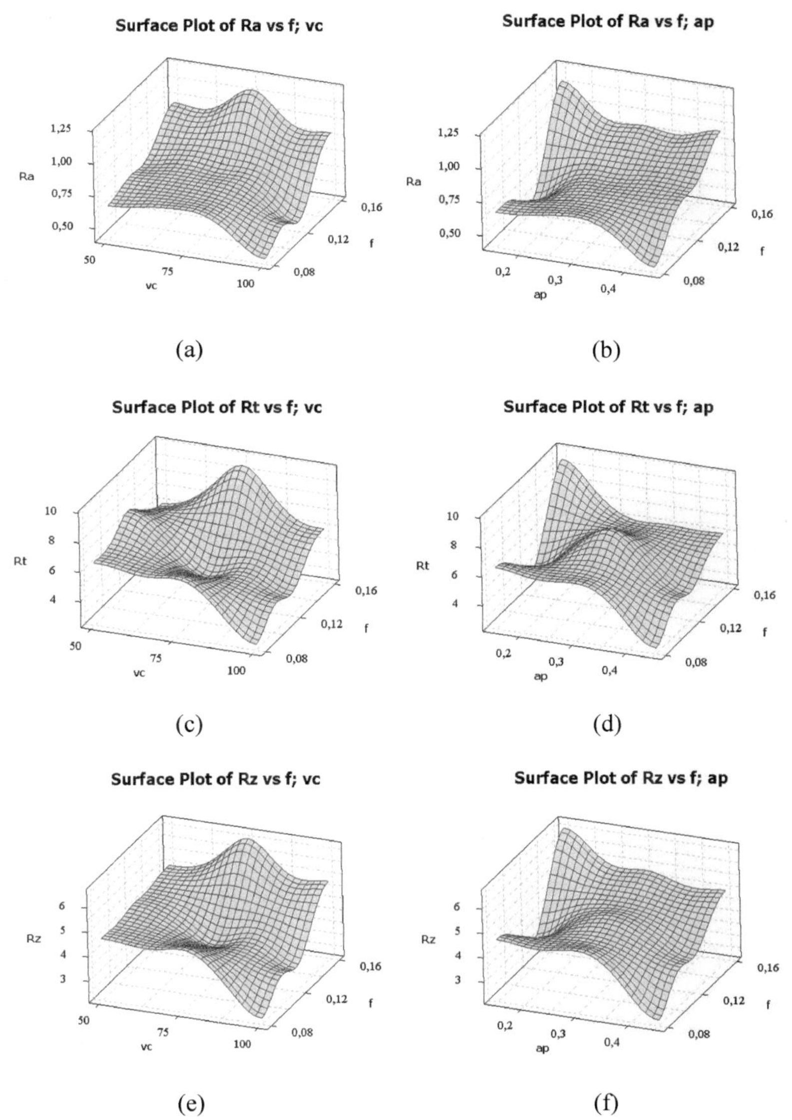

Fig. V.9. *3D Surfaces de réponse des rugosités*

Tandis que l'augmentation de la vitesse de coupe améliore la qualité des états de surfaces.

Les graphes des contours de ces critères de rugosité sont présentés dans les figures V.10 (a, b, c, d, e, et f). Ces graphes des contours permettent de visualiser directement les surfaces de réponse des trois critères de rugosité *Ra*, *Rt* et *Rz*.

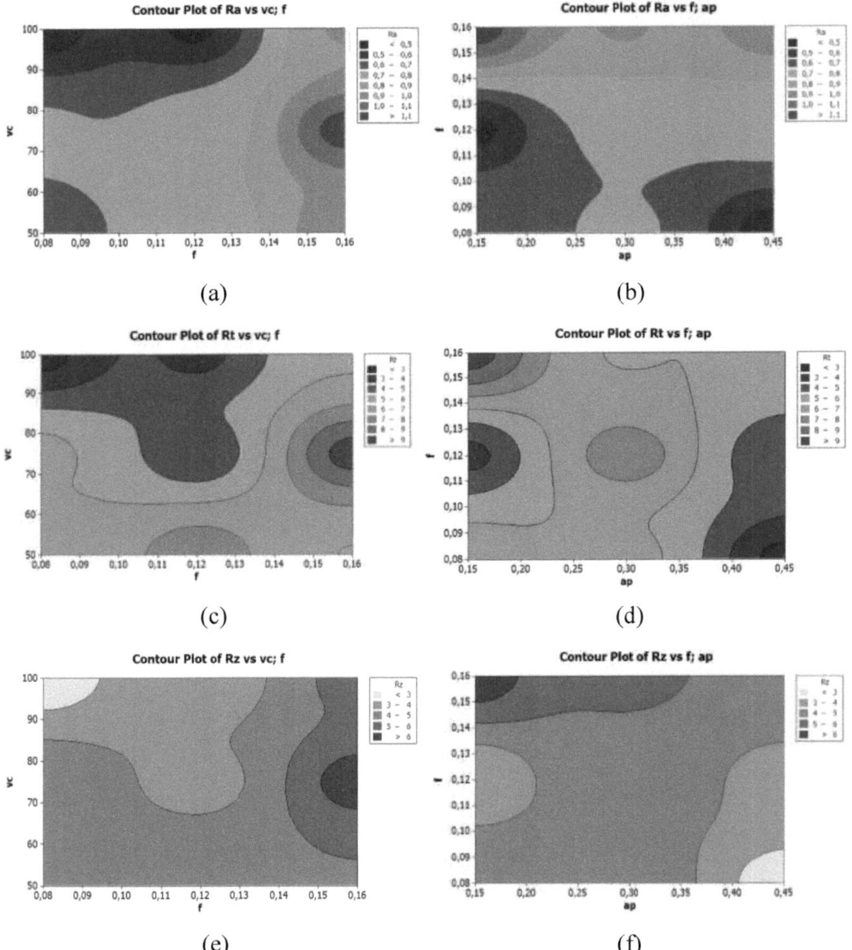

Fig. V.10. *Graphes des contours des rugosités*

V.4. Conclusion

Les essais de chariotage de courte durée pratiqués sur l'acier X38CrMoV5-1, traité à 50 HRC, usiné en tournage dur à sec par le carbure revêtu GC3015 pour un plan d'expérience selon la table orthogonale L_9 de neuf essais (plan de Taguchi) nous ont permis de modéliser les efforts de coupe et la rugosité des surfaces usinées. On note que :

- La contribution de la profondeur de passe est de 91,72% sur *Fa*, de 79,43% sur *Fr*, de 77,03% sur *Ft*, de 1,88% sur *Ra*, de 31,15% sur *Rt* et de 24,09% sur *Rz* ;

- L'impact de l'avance est de 2,24% sur *Fa*, de 11,08% sur *Fr*, de 15,38% sur *Ft*, de 71,72% sur *Ra*, de 22,16% sur *Rt* et de 48,46% sur *Rz* ;

- L'influence de la vitesse est de 3,55% sur *Fa*, de 4,52% surd *Fr*, de 4,73% sur *Ft*, de 25,19% sur *Ra*, de 38,30% sur *Rt* et de 26,10% sur *Rz*.

Conclusion générale

Ce travail de recherche vise à étudier le comportement des matériaux de coupe suivants : les céramiques noire Al_2O_3+TiC et composite Al_2O_3+SiC, le carbure non revêtu H13A, le carbure revêtu GC3015, le cermet non revêtu CT5015, le cermet revêtu GC1525 en tournage dur à sec de l'acier X38CrMoV5-1, traité à 50 HRC. Cette étude nous a permis d'une part, de mettre en évidence l'impact des conditions de coupe (avance par tour, vitesse de coupe, profondeur de passe, longueur do copeau taillé et temps d'usinage) sur l'usure en dépouille, sur la productivité en termes de volume du copeau taillé, sur les efforts et pressions de coupe et sur la rugosité des surfaces usinées.

Ainsi les six matériaux de coupe peuvent être classés selon leurs performances (c'est-à-dire en termes de résistance à l'usure, durée de vie, productivité et rugosité des surfaces usinées). La céramique mixte Al_2O_3+TiC (CC650) vient en première position suivie du carbure revêtu GC3015. La céramique composite Al_2O_3+SiC (CC670) se classe en troisième position suivie du carbure non revêtu H13A. Quant aux cermets (non revêtu CT5015 et revêtu GC1525), ils viennent en dernières positions. Les durées de vie de chaque outil ont été définies. Pour le même régime de coupe, la tenue de la céramique noire Al_2O_3+TiC est de 49 minutes, celle de la céramique composite Al_2O_3+SiC n'est que de 8 minutes, celles des cermets sont inférieures à 2 minutes, celle du carbure non revêtu H13A est de 4,5 minutes alors que celle du carbure revêtu GC3015 est de 16 minutes. On remarque que la durée de vie de la céramique noire Al_2O_3+TiC est largement supérieure à celles des autres outils et par conséquent elle est la plus performante en termes de résistance à l'usure. Il est à noter aussi que les efforts et pressions de coupe et les rugosités générés par la céramique mixte Al_2O_3+TiC sont les plus faibles. Par conséquent, la céramique mixte Al_2O_3+TiC est plus performante que les autres nuances en termes de paramètres technologiques étudiés.

D'autre part, ce travail a traité l'effet des différentes conditions de coupe sur le comportement de la céramique noire Al_2O_3+TiC. Sa tenue devient 42 minutes pour Vc = 120 m/min et f = 0,16 mm/tr, elle se réduit à 26 minutes pour Vc = 180 m/min et f = 0,08 mm/tr et descend à 22,5 minutes pour Vc = 180 m/min et f = 0,16 mm/tr. L'usure en cratère KT de la céramique noire Al_2O_3+TiC se propage très lentement par rapport à son usure en dépouille VB pour les mêmes conditions de coupe.

L'étude statistique a abouti à la détermination des modèles mathématiques. Ces derniers ont montré le degré d'influence de chaque élément du régime de coupe et ont donné les valeurs des constantes et des coefficients de corrélation. D'après les résultats et pour l'usinage par la céramique noire Al_2O_3+TiC, on peut tirer les enseignements suivants:

- La profondeur de passe affecte les efforts de coupe (*Fa, Ft* et *Fr*) d'une manière considérable avec une contribution de 94,22% sur *Fa*, de 81,14% sur *Fr* et de 77,84% sur *Ft*. Mais elle a un effet secondaire sur les trois critères de rugosité.
- L'avance influe sur les efforts par un impact de 1,72% sur *Fa*, de 10,69% sur *Fr* et 16,15% sur *Ft*. Elle devient le paramètre le plus influant sur les rugosités par un taux de 77,61% sur *Ra*, 63,03% sur *Rt* et 91,14% sur *Rz*.
- La vitesse de coupe contribue à l'évolution des efforts et des rugosités par 2,23% sur *Fa,* 39% sur *Fr*, 3,06% sur *Ft*, 18,05% sur *Ra*, 31,73% sur *Rt* et 7,52% sur *Rz*.

Quant à l'usinage par la céramique composite Al_2O_3+SiC, la profondeur de passe affecte énormément les efforts de coupe (*Fa, Ft* et *Fr*) avec une contribution de 85,84% sur *Fa*, de 63,23% sur *Fr* et de 72,46% sur *Ft*. Mais elle devient le paramètre le moins influant sur les rugosités.

- L'avance vient en deuxième position par un taux de 8,42% sur *Fa*, de 29,90% sur *Fr* et 22,62% sur *Ft*. Elle devient le facteur prépondérant sur les rugosités par un impact de 85,70% sur *Ra*, de 96,57% sur *Rt* et de 98,95% sur *Rz*.
- La vitesse de coupe suit en troisième position par 1,56% sur *Fa*, 3,42% sur *Fr*, 0,73% sur *Ft*, 8,12% sur *Ra*, 1,91% sur *Rt* et 0,45% sur *Rz*.

Il est à signaler aussi que pour le régime de coupe suivant : ap = 0,45 mm, 0,12 $\leq f$ $\leq$ 0,16 mm/tr et quelque soit la céramique de coupe utilisée, l'effort tangentiel devient le plus prépondérant.

D'après les essais de chariotage de courte durée relatifs à l'usinage par le carbure revêtu GC3015 pour un plan d'expérience selon la table orthogonale L$_9$ de neuf essais (plan de Taguchi) on note que :

- La contribution de la profondeur de passe est de 91,72% sur *Fa*, de 79,43% sur *Fr*, de 77,03% sur *Ft*, de 1,88% sur *Ra*, de 31,15% sur *Rt* et de 24,09% sur *Rz* ;

- L'impact de l'avance est de 2,24% sur *Fa*, de 11,08% sur *Fr*, de 15,38% sur *Ft*, de 71,72% sur *Ra*, de 22,16% sur *Rt* et de 48,46% sur *Rz* ;

- L'influence de la vitesse est de 3,55% sur *Fa*, de 4,52% sur *Fr*, de 4,73% sur *Ft*, de 25,19% sur *Ra*, de 38,30% sur *Rt* et de 26,10% sur *Rz*.

Cette étude a mis en valeur les procédures expérimentales retenues pour déterminer les marges de conditions de coupe adéquates et nécessaires à l'optimisation du processus de coupe relatif à cet acier. Les résultats trouvés sont mis à la disposition des industriels pour d'éventuelle exploitation.

La technique du tournage dur à sec a de l'avenir devant elle parce qu'elle est écologique : elle protège l'environnement et préserve la faune et la flore. Ce qui représente une action civique vis-à-vis des générations futures.

Les matériaux de coupe connaîtront certainement de nouveaux développements et ce qui nous paraît très difficile à usiner maintenant sera bientôt dans le domaine de l'usinage conventionnel.

Perspectives

> ➤ Ce travail ouvre de nouvelles perspectives :

- tester de nouveaux matériaux de coupe et voir leur comportement vis à vis du matériau à usiner;

- déterminer les modèles mathématiques des efforts de coupe, de l'usure et de la rugosité en fonction de plusieurs variables d'entrée;

- étudier l'impact des vibrations sur les paramètres technologiques d'usinage;

- analyser les contraintes résiduelles générées en tournage dur;

- promouvoir la technique du tournage dur.

Références bibliographiques

[1] **B. Vasques,** Etude du comportement du rayon d'arête et de son influence sur l'intégrité de surface en tournage à sec. Thèse de doctorat, Université de Tours, Juin 2008.

[2] **S. Cohen Assouline,** Simulation numérique de l'usinage à l'échelle macroscopique : prise en compte d'une pièce déformable. Thèse de doctorat, ENSAM de Paris, Décembre 2005.

[3] **R. Suresh , S. Basavarajappa , V. N. Gaitonde , G. L. Samuel,** Machinability investigations on hardened AISI 4340 steel using coated carbide insert. Int. Journal of Refractory Metals and Hard Materials, 2012, 33, pp 75-86.

[4] **A. K. Sahoo, B. Sahoo,** Experimental investigations on machinability aspects in finish hard turning of AISI 4340 steel using uncoated and multilayer coated carbide inserts. Measurement, 2012, 45, pp 2153-2165.

[5] **U. Çaydaş,** Machinability evaluation in hard turning of AISI 4340 steel with different cutting tools using statistical techniques. J. Engineering Manufacture, Proc. IMechE, 2009, Vol. 224 Part B, pp 1043-1055.

[6] **G. Poulachon,** Usinabilité des matériaux difficiles, Techniques de l'ingénieur, 2004, BM 7 048 pp1-18.

[7] **L. Deshayes,** Méthodologie d'étude de la coupe : Liaison entre Couple Outil Matière et système Pièce Outil Machine. Thèse de doctorat de l'Institut National des Sciences Appliquées de Lyon, 2003.

[8] **M. A. Yallese, K. Chaoui, N. Zeghib, L. Boulanouar, J-F. Rigal,** Hard machining of hardened bearing steel using cubic boron nitride tool. Journal of Materials Processing Technology, 2009, 209, pp 1092-1104.

[9] **M. A. Yallese, J-F. Rigal, K. Chaoui, L. Boulanouar,** The effects of cutting conditions on mixed ceramic and cubic boron nitride tool wear and on surface roughness during machining of X200Cr12 steel (60HRC). Journal of Engineering Manufacture, Proceedings of the ImechE part B, 2005, Vol. 219, pp 35-55.

[10] **G. Bartarya, S. K. Choudhury,** State of the art in hard turning. International Journal of Machine Tools & Manufacture, 2012, 53, pp 1-14.

[11] M. Remadna, Le comportement du système usinant en tournage dur. Application au cas d'un acier trempé usiné avec des plaquettes CBN. Thèse de doctorat, INSA de Lyon, Juin 2001.

[12] M. Habak, Etude de l'influence de la microstructure et des paramètres de coupe sur le comportement en tournage dur de l'acier à roulement 100Cr6. Thèse de doctorat, ENSAM d'Angers, Déc.2006.

[13] S. Benchiheb, L. Boulanouar, Optimization constrained of the lifetime of the CBN 7050 during the machining of steel 100Cr6, Japanese Society of Tribologists, 2009, 4 (3), pp 55-59.

[14] B. Fnides, M. A. Yallese, T. Mabrouki, J-F. Rigal, Surface roughness model in turning hardened hot work steel using mixed ceramic tool. Mechanika. Kaunas: Technologija, 2009, Nr. 3(77), pp 68-73.

[15] C. Pagès, Comportement de revêtements céramiques sur outil en tournage à sec de finition. Thèse de doctorat, Ecole centrale de Lyon, Novembre 2003.

[16] B. Fnides, H. Aouici, M. A. Yallese, Cutting forces and surface roughness in hard turning of hot work steel X38CrMoV5-1 using mixed ceramic. –Mechanika. – Kaunas: Technologija, 2008, Nr. 2(70), pp 73-78.

[17] G. Poulachon, Aspects phénoménologiques, mécaniques et métallurgiques en tournage CBN des aciers durcis. Thèse de doctorat, ENSAM de Cluny, Déc.1999.

[18] J. Vigneau, Les outils de coupe en céramique : utilisation actuelle et perspectives, Mat-Méc-Elec, 1987, N°421.

[19] G. Brandt, Développement des outils de coupe en céramique, Matériaux et Techniques, 1997, N°9-10, pp 3-12.

[20] S. Benchiheb, Etude de l'interaction « outil-pièce » lors de l'usinage des matériaux durcis. Thèse de doctorat, Université BADJI Mokhtar, Annaba, 2010.

[21] E. Aslan, Experimental investigation of cutting tool performance in high speed cutting of hardened X210Cr12 cold-work tool steel (62 HRC). Materials & Design, 2005, 26, pp 21-27.

[22] J. S. Dureja, V. K. Gupta, V. S. Sharma and M. Dogra, Design optimization of cutting conditions and analysis of their effect on tool wear and surface roughness during hard turning of AISI H11 steel with a coated–mixed ceramic tool. JEM1498. Proc. IMechE Vol. 223 Part B: J. Engineering Manufacture, 2009, pp 1441-145.

[23] **F. Mahfoudi, G. List, A. Molinari, A. H. Moufki, L. Boulanouar,** High speed turning for hard material with PCBN inserts: tool wear analysis, Int. J. Machining and Machinability of Materials, 2008, Vol. 3, Nos. 1/2, pp 62-79.

[24] **G. Poulachon, B. P. Bandyopadhyay, I. S. Jawahir, S. Pheulpin, E. Seguin,** The influence of the microstructure of hardened tool steel workpiece on the wear of PCBN cutting tools, International Journal of Machine Tools & Manufacture, 2003, 43, pp 139-144.

[25] **V. N. Gaitonde, S. R. Karnik, L. Figueira, J. Paulo Davim,** Machinability investigations in hard turning of AISI D2 cold work tool steel with conventional and wiper ceramic inserts. Int. Journal of Refractory Metals & Hard Materials, 2009, 27, pp 754-763.

[26] **H. Aouici, M. A. Yallese, B. Fnides, T. Mabrouki,** Machinability investigation in hard turning of AISI H11 hot work steel with CBN tool. Mechanika. – Kaunas: Technologija, 2010, No. 6(86), pp 71-77.

[27] **J. S. Dureja, V. K. Gupta, V. S. Sharma, M. Dogra,** Wear mechanisms of coated mixed-ceramic tool during finish hard turning of hot tool die steel. Proc. IMechE Vol. 223 Part C: J. Mechanical Engineering Science, 2009, pp 1-11.

[28] **M. U. Ghani, N. A. Abukhshim & M. A. Sheikh,** An investigation of heat partition and tool wear in hard turning of H13 tool steel with CBN cutting tools. Int J Adv Manuf Technol, 2007, 9, pp 1-15.

[29] **J. Paulo Davim, L. Figueira,** Machinability evaluation in hard turning of cold work tool steel (D2) with ceramic tools using statistical techniques. Journal of Materials and Design, 2007, 28, pp 1186-1191.

[30] **A. Kumar, A. Durai, T. Sornakumar,** The effect of tool wear on tool life of alumina-based ceramic cutting tools while machining hardened martensitic stainless steel, Journal of Material Processing Technology, 2006, 173, pp 151-156.

[31] **C. Lahiff, S. Gordon, P. Phelan,** PCBN tool wear modes and mechanisms in finish hard turning. Robot. Comput. Integr. Manuf, 2007, 23, pp 638-644.

[32] **K. Bouacha, M. A. Yallese, T. Mabrouki, J-F. Rigal,** Statistical analysis of surface roughness and cutting forces using response surface methodology in hard turning of AISI 52100 bearing steel with CBN tool. Int. Journal of Refractory Metals & Hard Materials, 2010, 28, pp 349-361.

[33] **M. A. Yallese,** Etude du comportement à l'usure des matériaux de coupe modernes en tournage dur. Thèse de doctorat, Université BADJI Mokhtar de Annaba, 2005.

[34] **H. Aouici, M. A. Yallese, K. Chaoui, T. Mabrouki, J-F. Rigal,** Analysis of surface roughness and cutting force components in hard turning with CBN tool: Prediction model and cutting conditions optimization. Measurement, 2012, Vol. 45, pp 344-353.

[35] **H. Bouchelaghem, M. A. Yallese, A. Amirat, T. Mabrouki and J-F. Rigal,** Experimental investigation and performance analysis of CBN insert in hard turning of cold work tool steel (D3). Machining Science and Technology, 2010, 14 (4), pp 471-501.

[36] **H. Aouici, M. A. Yallese, B. Fnides, K. Chaoui, T. Mabrouki,** Modeling and optimization of hard turning of X38CrMoV5-1 steel with CBN tool: Machining parameters effects on flank wear and surface roughness. Journal of Mechanical Science and Technology, 2011, 25 (11), pp 2843-2851.

[37] **S. Z. Qamar,** Effect of heat treatment on mechanical properties of H11 tool steel. Journal of Achievements in Materials and Manufacturing Engineering, 2009, 35/2, pp 115-120.

[38] **O. Barrau,** Etude de frottement et de l'usure d'acier à outils de travail à chaud. Thèse de doctorat, INP de Toulouse, Déc.2004.

[39] **E. Aslan, N. Camuşcu, B. Birgören,** Design optimization of cutting parameters when turning hardened AISI 4140 steel (63 HRC) with Al_2O_3+TiCN mixed ceramic tool. Materials & design, 2007, 28, pp 1618-1622.

[40] **Y. Sahin,** Comparison of tool life between ceramic and cubic boron nitride (CBN) cutting tools when machining hardened steels. Journal of Materials Processing Technology, 2009, 209, pp 3478-3489.

[41] **B. Fnides, M. A. Yallese, H. Aouici,** Hard turning of hot work steel AISI H11: Evaluation of cutting pressures, resulting force and temperature. Mechanika. Kaunas: Technologija, 2008, Nr. 4(72), pp 59-63.

[42] **B. Fnides, M. A. Yallese, T. Mabrouki, J-F. Rigal,** Application of response surface methodology for determining cutting force model in turning hardened AISI H11 hot work tool steel. SADHANA-APES-Springer, 2011, Vol. 36, Part 1, pp 109-123.

[43] **B. Fnides, S. Berkani, M. A. Yallese, S. Boutabba, J-F. Rigal and S. Daffri,** Analysis of technological parameters through response surface methodology in machining hardened X38CrMoV5-1 using whisker ceramic tool (Al_2O_3+SiC). Estonian Journal of Engineering, 2012, 18(1), pp 26-41.

[44] **P. Sharma, K. Bhambri,** Multi-response optimization by experimental investigation of machining parameters in CNC turning by Taguchi based grey relational analysis. International Journal of Engineering Research and Applications. 2012, Vol. 2 (5), pp 1594-1602.

[45] **L. Bala, A. Gjelaj, A. Bunjaku and A. Salihu,** Surface roughness of material processing during milling process. Journal of Mechanics Engineering and Automation, 2012, 2, pp 601-605.

[46] **B. Fnides, S. Boutabba, M. Fnides, H. Aouici, M. A. Yallese,** Cutting tools flank wear and productivity investigation in straight turning of X38CrMoV5-1 (50 HRC). International Journal of Applied Engineering and Technology, 2013, Vol. 3, Nr. 1, pp 1-10.

[47] **V. C. Uvaraja, N. Natarajan,** Optimization on friction and wear process parameters using Taguchi technique. International Journal of Engineering and Technology. 2012, Vol. 2 (4), pp 694-699.

[48] **B. Fnides, S. Boutabba, M. Fnides, H. Aouici, M. A. Yallese,** Tool life evaluation of cutting materials in hard turning of AISI H11. Estonian Journal of Engineering, 2013, 19(2), pp 143-151.

Printed by Books on Demand GmbH, Norderstedt / Germany